A. ACLOQUE
LES MERVEILLES
DE LA
VIE VÉGÉTALE
PARIS - BONNE PRESSE

A. ACLOQUE

Les Merveilles de la Vie végétale

« Deum sempiternum, immensum, omniscium, omnipotentem, expergefactus transeuntem vidi, et obstupui. »

LINNÉ.

PARIS

5, RUE BAYARD, 5

INTRODUCTION

Parmi toutes les munificences dont il a plu à Dieu d'orner notre séjour terrestre, il n'en est peut-être pas qui nous parle mieux que la plante de la puissance, de la bonté, de la sollicitude de son infinie Providence.

Sans le règne végétal, la vie serait à peu près impossible à la surface du globe. Comme elle devient facile, gaie, agréable, dès que l'herbe, l'arbuste et l'arbre lui apportent le concours de leurs discrètes utilités, la joie, et on pourrait presque dire le réconfort de leur douce et calme beauté.

« Admirez, s'écrie Fénelon, les plantes qui naissent de la terre ; elles fournissent des aliments aux sains et des remèdes aux malades. Leurs espèces et leurs vertus sont innombrables ; elles ornent la terre, elles donnent de la verdure, des fleurs odoriférantes et des fruits délicieux ! Voyez-vous ces vastes forêts qui paraissent aussi anciennes que le monde ? Ces arbres s'enfoncent dans la terre par leurs racines, comme leurs branches s'élèvent vers le ciel...

» En été, ces rameaux nous protègent de leur ombre contre les rayons du soleil ; en hiver, ils nourrissent la flamme qui conserve en nous la chaleur naturelle.

» Leur bois n'est pas seulement utile pour le feu ; c'est une matière douce, quoique solide et durable, à laquelle la main de l'homme donne sans peine toutes les formes qu'il lui plaît pour les plus grands ouvrages de l'architecture et de la navigation. De plus, les arbres fruitiers, en penchant leurs rameaux vers la terre, semblent offrir leurs fruits à l'homme.... »

Ainsi se trouve définie, avec simplicité, élégance et plénitude, la nature des services que le Créateur nous autorise à demander aux végétaux.

Les inéluctables exigences de l'estomac nous obligent à y puiser la plus grande partie de nos aliments : avec quelle admirable émulation ils se prêtent à satisfaire sur ce point non seulement nos besoins, mais même nos plaisirs !

Combien, depuis le froment, anobli par le pain qu'il engendre, depuis la vigne, génératrice respectée du vin, jusqu'aux légumes gonflés de sucs, jusqu'aux savoureuses herbes potagères, jusqu'aux fruits vermeils où les rayons solaires ont mûri une pulpe sucrée, combien, sauvages au fond des bois ou pliés au service de l'homme, nous offrent leur substance en nourriture !

Combien encore, que nous dédaignerions de manger, et qui, triturés, pétris par l'acte digestif, forment le sang et la chair des animaux que nous sacrifions pour notre table !

Et non seulement ils nous alimentent, mais encore leur fonctionnement vital contribue à produire en abondance un élément nécessaire à nos poumons.

La respiration des êtres vivants a pour effet de déverser dans l'atmosphère de l'acide carbonique, gaz impropre à entretenir toute combustion, et par suite toute existence. Par un phénomène exactement contraire, les parties vertes des plantes décomposent l'acide carbonique de l'air en carbone qu'elles fixent et en oxygène qu'elles exhalent.

Or, l'oxygène est un gaz éminemment respirable.

Ainsi se rétablit l'équilibre ; ainsi l'air vicié se purifie. Et c'est pourquoi l'atmosphère des campagnes, où de vastes étendues de forêts et de prairies dégagent l'oxygène à flots, est salubre, tandis que ne l'est pas celle des villes, où les plantes sont rares, et impuissantes en raison de leur petit nombre à corriger les impuretés dont les divers modes de l'activité humaine remplissent l'air.

C'est pourquoi encore l'hygiène commande de multiplier les plantations dans les agglomérations urbaines. Les jardins, les parcs, les gazons sont comme autant de laboratoires naturels où se distille l'oxygène si nécessaire à nos poumons.

Toutes les plantes à feuilles vertes sont aptes à s'acquitter de cet office; c'est l'immense majorité.

En voici d'autres, qui n'ont point d'organes verts, point de feuilles, qui revêtent des couleurs variées, des formes diverses et spéciales. C'est la légion innombrable et polymorphe des champignons.

Placés sur les confins du règne végétal et du règne animal, ils se rapprochent, par certains points de leur physiologie, plus de celui-ci que de celui-là. Notamment, ils participent de la nature animale en ce qu'ils sont incapables d'exhaler de l'oxygène.

Mais ils ont un autre moyen de coopérer à l'œuvre d'assainissement confiée aux plantes. Parfois parasites, ils sont bien plus ordinairement « saprophytes », c'est-à-dire astreints à vivre aux dépens des matières organiques en décomposition.

Les cadavres animaux ne sont guère, à vrai dire, leur fait; ils les abandonnent volontiers à d'autres nettoyeurs plus prompts, oiseaux ou insectes, et ils suivent le penchant qui les porte vers les déchets d'origine végétale.

Détritus de plantes mortes en putréfaction, fumiers malodorants, voilà leurs aliments de prédilection. Ils en hâtent à leur profit la dissolution et empêchent les miasmes délétères de se répandre dans l'air.

Si, des besoins de l'estomac et des poumons, nous passons à ceux des sens, là encore nous retrouvons la plante comme une amie bienveillante, une auxiliaire dévouée et généreuse.

Est-il rien de reposant pour l'œil comme les étendues vertes des prés et des bois? Le vert, veuillez le remarquer, est la couleur moyenne du spectre solaire; c'est, dans la symphonie lumineuse décomposée par le prisme, la nuance intermédiaire qui ne fatigue pas, parce que, tout en participant aux vertus utiles des extrêmes, elle se tient à égale distance de l'activité physique du rouge et de l'énergie chimique du violet.

Ce vert des feuillages, d'ailleurs, n'est pas uniforme ni monotone; il varie de fraîcheur ou d'intensité suivant les espèces et suivant les saisons.

Il s'harmonise avec les époques, avec les sites, avec la lumière; délicat et tendre sous les caresses encore brumeuses du soleil printanier, il jaunit aux ardeurs estivales; l'automne l'oxyde, le rouille, le dore. Il se pique de fleurs éclatantes, il se pare de bigarrures multicolores, dont les teintes aussi accompagnent ses chromatiques variations.

Et c'est toujours pour l'œil le même repos, pour l'esprit le même calme et la même poésie, pour le cœur la même joie, qui fait monter vers le ciel des pensées d'admiration, de reconnaissance, d'amour.

Plaisirs des couleurs, voluptés permises des odeurs jaillissant du fond des corolles, les fleurs ne nous offrent pas uniquement ces satisfactions esthétiques. L'artiste et le poète ne sont pas les seuls dont la plante sollicite l'intérêt; peut-être même ne sont-ils pas ceux qui jouissent le plus complètement de ses merveilles.

La nature végétale invite aussi les patientes études du savant, les méditations du philosophe. A l'un et à l'autre elle propose des mystères à éclaircir, des phénomènes à suivre dans leur cause et dans leur accomplissement.

Comment naît la plante; comment, d'une petite graine, en apparence sèche et morte, mais où sommeille une intense énergie vitale, s'élance une tige qui s'ornera de feuilles et se couronnera de fleurs; de quels éléments se composent cette tige, ces feuilles, ces fleurs; quel est le rôle précis de chacun de ces organes ; de quelle manière, sous quelles influences ils s'acquittent de leur fonction ; comment s'élabore, se développe et meurt la substance dont ils sont formés ; comment la physiologie subordonne et dirige les forces physico-chimiques, pour les mettre au service de la vie : voilà les grandes lignes du programme dont la science s'efforce de résoudre les complexes points d'interrogation.

Mais sous ces linéaments principaux qui circonscrivent les cantons du vaste domaine à explorer, que de détails minutieux et variés, que d'énigmes moins vastes, mais plus diverses, et dont la solution importe à l'intelligence de l'ensemble !

Ne faut-il pas d'abord, par exemple, suivant le principe logique qui exige une définition à la base de toute science, isoler par une formule cette nature végétale dont on médite l'étude ? Nous allons voir bientôt que ce n'est déjà pas là une tâche si facile.

Ensuite, la vie de l'individu végétal doit être envisagée sous ses multiples aspects, non seulement par rapport à cet individu lui-même, mais aussi et surtout dans ses relations avec le milieu, avec l'ami, le protecteur et l'ennemi, avec le voisin dont l'extension serait préjudiciable et dont l'appui peut être utile.

Il y a des espèces qui vivent libres, sans rien demander à personne ; d'autres, incapables de se nourrir par elles-mêmes, sont vouées à un parasitisme plus ou moins caractérisé. Il y en a encore qui réalisent entre elles des associations à bénéfice réciproque et donnent à l'homme l'exemple et la leçon d'un équitable mutualisme.

Les moyens de défense contre l'adversaire, qu'il soit brutal ou astucieux, les épines qui l'éloignent, les pièges qui le capturent, les ressemblances qui le trompent ; la conservation de l'espèce ; le concours de l'insecte pour la maturation des graines, concours largement rétribué en nectar ; la dissémination des semences sur l'aile des vents ou par les plus admirables mécanismes ; la composition des populations végétales, les voyages des espèces conquérantes à la recherche de nouvelles patries, la terre couverte partout de plantes, jusque dans les chaotiques déserts où les lichens multicolores rompent encore la monotonie des rochers gris ; les variations de la forme spécifique, autant de problèmes d'un intérêt captivant, et dont la science poursuit patiemment la solution.

Voilà le domaine où nous allons nous engager. Nous ne le parcourrons pas en entier, nous n'en fouillerons pas tous les recoins, parce que les forces nous quitteraient sans doute avant que ne fût accomplie une tâche aussi vaste. Entre tant de merveilles, nous ferons un choix.

Du moins sommes-nous sûrs que, de quelque côté que se portent nos investigations, à chaque pas nous trouverons la trace lumineuse, éclatante, émouvante de la puissance et de la bonté du Créateur.

CHAPITRE Ier

LA NATURE VÉGÉTALE

Qu'est-ce qu'une plante? Voilà, au seuil d'un livre comme celui-ci, une question qu'il convient d'élucider aussi pleinement que possible, sous peine d'imiter le singe du fabuliste, qui n'avait point éclairé sa lanterne.

Si nous rangeons notre espèce dans une catégorie particulière, le *règne humain*, dont l'établissement se justifie par le privilège de la raison que Dieu nous a concédé, nous remarquons que les êtres vivants qui nous entourent peuvent se répartir en deux grandes séries, qui sont le *règne animal* et le *règne végétal*.

Ces deux règnes, dans leurs représentants les plus parfaits, sont bien caractérisés, bien faciles à distinguer l'un de l'autre; leurs attributs respectifs nous sont connus plus encore par l'expérience que par la définition. Personne ne s'aviserait de placer le chêne ou le rosier parmi les animaux, le cheval ou le chien parmi les plantes.

Est-ce à dire que les traits de la physionomie du chêne ou du rosier suffisent à nous permettre d'établir la formule, le signalement infaillible de l'individu végétal? Et pouvons-nous en inférer que celui-ci sera toujours nécessairement composé d'une racine, d'une tige, de branches, de feuilles et de fleurs?

De même, tous les animaux sont-ils construits sur le patron du chien ou du cheval?

Descendons, dans chacun des deux règnes, la série des espèces; nous arriverons à un point où la certitude fera place au doute, et où nous ne pourrons plus dire sûrement si nous sommes en présence d'un animal, ou si c'est une plante que nous avons sous les yeux.

Il y a, au bas de l'échelle zoologique, des êtres qui semblent participer à la fois des deux natures, qui ont des organes analogues à ceux des animaux, mais qui végètent comme des plantes et épanouissent leurs tentacules en fleurs animées; — et tout en bas de l'échelle botanique, des êtres qui sont pendant la première phase de leur existence de véritables animaux doués de mouvement, mais qui se fixent bientôt et ne vivent plus que d'une vie végétative.

Ce sont, pour les premiers, des *zoophytes*, c'est-à-dire des « animaux-plantes », définis sous un vocable dont l'étymologie signale leur physionomie ambiguë; pour les seconds, des algues microscopiques, des champignons filamenteux.

Et encore là la ressemblance est-elle purement superficielle, capable peut-être de tromper les profanes, insuffisante à embarrasser les savants. Mais descendez encore, et vous verrez la confusion entre les deux natures s'accentuer, l'analogie se faire si étroite, non seulement entre les formes, mais aussi entre les fonctions, que la science elle-même hésite, tâtonne, cherche des ressources de diagnostic qui lui échappent presque toutes, à cause des exceptions qu'elles présentent.

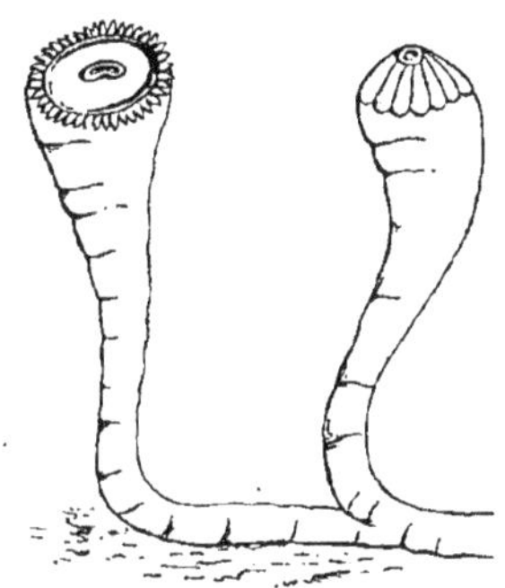

EXEMPLE DE ZOOPHYTE
Une actinie composée, le *Zoanthus socialis*.

Malgré cette difficulté d'une différenciation précise, la force du langage et peut-être aussi la réalité des choses nous obligent à considérer le végétal comme essentiellement distinct de l'animal.

Il faut donc qu'au moins nous essayions de trouver entre l'un et l'autre une ligne de démarcation sûre, un caractère fondamental auquel nous puissons accorder avec confiance la valeur d'un critérium exact.

Ce problème difficile comporte-t-il une solution? C'est ce que nous allons examiner.

Les végétaux, nous disent les anciens botanistes, sont des êtres organisés et vivants, privés de sensibilité et de mouvement volontaire, mais jouissant de l'*excitabilité* qui fait le caractère spécial de tous les êtres organisés. C'est par cette propriété, dont les manifestations réalisent par leur combinaison le phénomène de la vie physique, que les êtres organisés résistent pendant un temps donné aux causes extérieures qui tendent continuellement à les détruire.

Dans son style aphoristique, le grand naturaliste Linné a proposé cette définition :

« Les minéraux croissent; les végétaux croissent et vivent; les animaux croissent, vivent et sentent. »

Il y aurait là assurément une distinction bien commode, et si simple qu'un enfant lui-même pourrait l'appliquer. Malheureusement, ainsi que nous venons de le dire, elle ne convient guère aux êtres inférieurs, et si elle permet à la rigueur de séparer nettement le cristal de roche du chêne, et celui-ci du cheval, comment l'adapter aux algues unicellulaires et aux protozoaires dégradés, — que les naturalistes incertains ballottent d'un règne à l'autre?

Bien plus, voici que la science la trouve, cette distinction, insuffisante et discutable même pour les animaux et les plantes les mieux caractérisés.

Il est assez commun de regarder comme un trait dominant de la nature animale la *sensibilité*, propriété dont les excitations ont lieu par l'intermédiaire d'un système nerveux, et qui réagit à ces excitations par des muscles.

Or, nous voyons cette propriété s'affaiblir, au point de n'être presque plus perceptible, dans les classes inférieures du règne animal. Parallèlement, le système nerveux s'y réduit et n'est plus représenté que par quelques fibrilles sans connexion entre elles, éparses dans le corps, incapables, par suite, d'une activité coordonnée. En revanche, nous observons dans certaines plantes des phénomènes qui rappellent la sensibilité animale.

Trouverons-nous plus de fixité dans le caractère physiologique de la *fonction chlorophyllienne*, considérée comme l'attribut essentiel de la nature végétale? Cette fonction consiste dans la production, au sein de certains organes des plantes et particulièrement dans les feuilles, de la *chlorophylle* (matière qui donne à ces organes leur couleur verte), sous l'influence des rayons du soleil et aux dépens de leur énergie.

Elle a pour résultat la fixation du carbone et le dégagement de l'oxygène, et elle est assez intense pour masquer pendant le jour la respiration de la plante, — qui se fait, comme celle des animaux, par absorption d'oxygène et mise en liberté d'acide (anhydride) carbonique.

La fonction chlorophyllienne paraît donc pouvoir caractériser le règne végétal. Il n'en est rien : d'abord, on a constaté la production de chlorophylle dans un petit nombre d'êtres que leurs affinités rangent dans le règne animal; ensuite, la fonction chlorophyllienne n'est pas constante chez les végétaux.

Elle manque totalement dans tous les organes des plantes qui ne sont pas verts : racines, écorce du tronc, bourgeons en voie de développement, fleurs, fruits colorés, graines, — et en outre dans un très grand nombre d'espèces qui, par suite de leur existence parasite, ne sont pas aptes à fabriquer de la chlorophylle.

Le groupe immense des champignons, par exemple, est privé de la fonction chlorophyllienne. Il se rapproche sur ce point des animaux, tandis que par ses autres caractères on ne peut le détacher de la série végétale.

Dépourvus de chlorophylle, les champignons sont incapables d'assimiler par eux-mêmes le carbone, et pour se procurer cet élément qui leur est indispensable, ils doivent l'emprunter, sous forme de composés, soit à des organismes vivants, soit à des matières organiques en voie de dissociation.

C'est pourquoi nous les voyons tous s'installer à la table d'autrui : les uns se fixent sur les cadavres animaux ou végétaux, dont ils provoquent la « moisissure » et activent la destruction; d'autres forment une association plus ou moins mutualiste avec des algues vertes, dont ils exploitent l'énergie chlorophyllienne; d'autres encore, plus ouvertement parasites, jettent leurs filamenteux suçoirs sur des plantes et des animaux vivants.

Dans la série même des plantes à fleurs (des *phanérogames*, pour employer le langage des botanistes, les champignons étant classés parmi les *cryptogames*), on rencontre çà et là des espèces qui sont également privées de la fonction chlorophyllienne.

Ces espèces ressemblent encore étroitement aux autres plantes de la même famille par les traits essentiels de leur organisation, et spécialement par la structure de la fleur, structure qui sert à mesurer les degrés des parentés végétales; mais elles en diffèrent par deux points.

D'abord, ne pouvant faire subir elles-mêmes aux éléments minéraux les transformations nécessaires pour qu'ils deviennent nutritifs, elles sont astreintes à emprunter leur nourriture tout élaborée à des voisines mieux outillées pour cette opération chimique : en d'autres termes, elles sont condamnées à la vie parasite, et elles ne peuvent subsister qu'à la condition d'implanter sur des racines ou des tiges étrangères les avides crampons de leurs racines ou de leurs tiges.

En second lieu, d'après une admirable loi d'équilibre organique qui atteste la sagesse infinie du Créateur, ces plantes parasites et sans chlorophylle sont privées de feuilles proprement dites. Elles n'ont nul besoin de ces appendices, qui constituent les organes plus spécialement préposés à la fonction chlorophyllienne.

CUSCUTE

Les feuilles, qui leur seraient inutiles, leur ont donc été refusées ; tout au plus leurs tiges, qui n'offrent jamais de teintes vertes, portent-elles çà et là de menues écailles colorées, qui rappellent en petit la forme des feuilles, mais sont incapables d'en accomplir le rôle physiologique.

UN TYPE DE CHAMPIGNON
(Amanite.)

Et ainsi s'affirme encore cette autre loi qui veut que, dans un même type d'organisation, tous les détails soient représentés, avec leur plein développement s'ils fonctionnent, à l'état rudimentaire si on les considère dans des espèces où accidentellement ils ne fonctionnent pas.

C'est le cas des *orobanches*, heureusement assez rares, mais dont plusieurs sont pernicieuses à des plantes utiles, des *cuscutes*, semblables à des paquets de cheveux rougeâtres, emmêlés, enchevêtrés, et qui enserrent leurs victimes dans des étreintes si fatales que le langage imagé du peuple n'hésite pas à les appeler les « bourreaux des plantes ».

L'obligation pour une espèce végétale de vivre en parasite, par suite de son impuissance à élaborer de la chlorophylle sous l'influence de la lumière solaire, la conduit donc à se nourrir exclusivement comme l'animal.

C'est là entre les deux règnes un point de contact qui, nous venons de le dire, comporte de nombreux cas de réalisation. Il y en a d'autres. L'action de la lumière, par exemple, va nous fournir des analogies de phénomènes qui créent encore un lien entre les deux natures.

Nous avons exposé que, d'une manière générale, l'accomplissement de la fonction chlorophyllienne met la plante dans une dépendance absolue vis-à-vis de la lumière. Cette fonction ne s'exécute, en effet, du moins d'une manière appréciable, que sous l'influence directe des rayons solaires.

La lumière est si nécessaire à la végétation que les plantes vertes, les plantes à chlorophylle, ne peuvent pas vivre dans une obscurité prolongée. C'est ainsi que dans la mer les algues ne descendent pas à plus de 400 mètres de profondeur, parce qu'au delà de cette limite la couche d'eau trop épaisse est impénétrable aux rayons du soleil. Les abîmes sous-marins, peuplés de coraux, d'éponges, de mollusques, de poissons, de crustacés, manquent totalement de plantes.

En dehors de cette dépendance générale où la lumière tient le règne végétal, elle y provoque çà et là des phénomènes spéciaux tout à fait comparables à certaines réactions qu'elle détermine dans la série animale.

Si l'on place des plantes dans un appartement obscur muni d'une fenêtre vitrée, on voit les tiges se diriger vers la partie éclairée. Les feuilles s'orientent toujours de manière à recevoir le plus de lumière possible. Les branches inférieures des arbres, ne recevant point par le haut la lumière que le feuillage intercepte, s'allongent horizontalement pour la trouver.

Vous avez pu remarquer que les fleurs d'un grand nombre de plantes sont constamment tournées vers le soleil et le suivent dans sa course diurne. Parmi les espèces qui présentent ce phénomène avec le plus de netteté, il faut indiquer le grand soleil (en langage scientifique *Helianthus annuus*), qui, pour offrir sans cesse sa large fleur radiée à l'astre dont il porte le nom et dont il imite les rayons, tord sa tige sur elle-même. Cette fidèle sympathie pour la lumière solaire a été remarquée du vulgaire qui, de la plante lucipète, a fait le « tournesol ».

Pour désigner l'attraction exercée par la lumière sur les êtres vivants, les savants, gens précis, ont créé un mot spécial : ce phénomène est, disent-ils, un *phototropisme*.

Le phototropisme, assez fréquent chez les plantes, nous venons de le voir, est répandu aussi dans le règne animal. Il prend parfois un caractère impérieux, par exemple chez certains vers marins, qui recherchent la lumière avec une invincible obstination.

Continuons la série des analogies entre les deux natures.

La lumière détermine chez beaucoup de plantes (on pourrait presque dire chez toutes, avec des degrés) une position spéciale des organes, une sorte d'épanouissement, qui constitue l'état de *veille*. Cette action est parfois remarquable; dans une expérience ingénieuse, le naturaliste Bory de Saint-Vincent a réussi à faire fleurir certaines *oxalis*, dont les fleurs ne s'étaient jamais ouvertes spontanément, en les éclairant vivement pendant la nuit et en concentrant sur elles, à l'aide d'une lentille, les rayons d'une puissante source lumineuse.

En revanche, sous l'influence de l'obscurité nocturne, les feuilles et les fleurs quittent leur position de veille, se penchent, se replient, se ferment.

C'est le phénomène connu depuis longtemps sous le nom de *sommeil* des plantes. Comme l'animal, le végétal dort; et si les manifestations de ces passages alternatifs de la veille au sommeil, et réciproquement, diffèrent dans les deux règnes, c'est que, dans l'un, elles sont réglées par l'activité d'un système nerveux, dans l'autre par une simple excitabilité de l'organisme.

Donc, la plante perçoit la lumière. Comment se fait cette perception? Elle a lieu principalement par les feuilles; d'après les idées modernes, l'épiderme de la face supérieure de ces organes serait composé d'une foule de petites lentilles transparentes, très aptes à concentrer les rayons lumineux sur la substance vivante qui se trouve sous cet épiderme.

La substance vivante, ainsi impressionnée par la lumière, réagit de manière à orienter la feuille dans un sens tel qu'elle reçoive toujours perpendiculairement les rayons lumineux.

C'est, par conséquent, une perception diffuse, et tout à fait analogue dans ses effets et dans son mécanisme à celle que l'on constate chez certains animaux qui, quoique aveugles, n'en sont pas moins très sensibles à la lumière.

Cette propriété accordée à divers représentants du règne animal de percevoir la lumière par l'épiderme, sans aucun appareil visuel, a été nommée, par le naturaliste Raphaël Dubois, *fonction dermatoptique*. Nulle part peut-être elle n'est plus évidente que chez la pholade, mollusque marin qui mérite à ce point de vue de nous arrêter quelques instants.

La pholade, dont le corps mou s'abrite dans une coquille à deux valves très minces, pour compenser cette fragilité de sa maison, se perce au sein de la pierre un trou cylindrique dans lequel elle s'enfonce. C'est là, dans les rochers du bord de la mer, qu'il faut la chercher.

Si vous la trouvez, placez-la dans une cuvette pleine d'eau de mer : vous verrez immédiatement sortir de la coquille et s'allonger démesurément une sorte de trompe musculeuse, le siphon. Ce siphon est le canal qui sert à la respiration et à l'alimentation de l'animal.

Si de la main on intercepte les rayons lumineux sous l'influence desquels le siphon de la

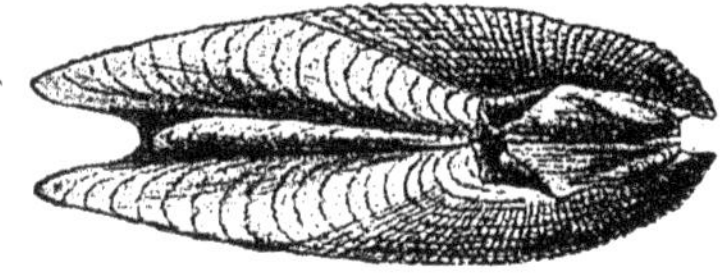

LA PHOLADE

pholade s'est épanoui, on le voit immédiatement se rétracter. Un nuage qui passe, ou dans l'obscurité une allumette qui éclate brusquement, suffisent à produire le même phénomène.

Le siphon du mollusque est-il donc muni d'yeux pour subir avec tant d'instantanéité les impressions de la lumière ? Non : c'est par la surface de son tégument qu'il perçoit, d'une manière diffuse, ces impressions. Sa peau tout entière est un organe visuel rudimentaire.

Entre la feuille qui s'oriente dans un plan variable suivant l'incidence des rayons lumineux qui la frappent, et le siphon de la pholade qui réagit manifestement à la lumière par ses mouvements de contraction et d'allongement, l'analogie n'est-elle pas suggestive ?

Un nuage qui obscurcit subitement le soleil impressionne le mollusque; il trouble aussi la *sensitive*, plante éminemment excitable, et son ombre suffit à lui imposer l'attitude du sommeil. Dès que le ciel s'embrume, le *Porliera hygrometrica*, arbuste de la famille des Rutacées, rapproche les folioles de ses feuilles et les accole l'une contre l'autre; le *souci de pluie* se hâte de fermer prudemment ses fleurs lorsque glissent dans les airs les premières vapeurs qui signalent l'approche de l'orage.

Parmi les attributs qu'un examen superficiel porterait à considérer comme réservés au règne animal, il faut compter la *motilité*, ou faculté de mouvements spontanés et libres. Est-ce là enfin que nous allons trouver ce critérium qui s'est jusqu'ici dérobé à nos recherches ?

La plupart des animaux que nous connaissons peuvent à leur gré, qu'ils rampent, glissent, marchent, volent ou nagent, changer de résidence, et même ceux que nous voyons obstinément sédentaires ont du moins le pouvoir de contracter leurs muscles, d'agiter leurs membres.

Or, en dehors de certains mouvements réflexes et peut-être purement mécaniques qu'accomplissent quelques rares espèces, que tout le monde connaît précisément à cause de cette particularité qui en fait une exception remarquable, l'immobilité n'est-elle point le propre de la nature végétale ?

Si nous étudions les algues, ces plantes marines et aquatiques qui ont perpétué jusqu'à nous les premiers types végétaux sortis des mains du Créateur, si nous scrutons la vie merveilleuse des moisissures, des champignons filamenteux qui couvrent de leur poussière ou de leur feutre les substances organiques, nous trouvons que beaucoup de ces êtres inférieurs commencent leur existence individuelle par un petit germe doué de mobilité spontanée.

Ce germe, qui a reçu des savants le nom de *zoospore*, est une masse exiguë, microscopique, de matière vivante, enfermée dans une enveloppe membraneuse ; deux cils qui peuvent s'agiter en tous sens lui servent d'hélice et de rames pour se diriger dans le liquide.

Rien n'est curieux comme d'observer sous une lentille grossissante le mouvement d'une zoospore : la translation s'opère par une très vive rotation autour d'un axe parallèle à la direction générale du déplacement.

Cette agitation dure quelques heures, délai nécessaire au petit germe animé pour trouver un milieu favorable à sa germination, un support où la vie lui sera possible, un hôte sur lequel il pourra tout à l'aise s'installer en parasite.

Ces heureuses circonstances rencontrées, la zoospore ralentit ses mouvements; les cils, devenus inutiles, disparaissent; puis la germination commence. La zoospore fixée reproduit une algue ou un champignon conforme à son espèce. Et voilà, en quelques instants, le passage d'un règne à l'autre accompli, par la substitution de l'immobilité de la plante à la mobilité de l'animal.

Eh bien! voulez-vous observer le premier développement d'une foule d'animaux qui sont fixés et sédentaires sous leur forme définitive, et dites s'il diffère essentiellement de cette reproduction par zoospores dont les phases viennent d'être résumées.

Peu importe le groupe que nous choisirons, le phénomène est partout identique. Que nous soumettions à notre examen les cirrhipèdes, *crustacés* dégradés qui s'attachent, sous forme d'anatifes, de balanes, aux corps sous-marins, rocailles, carènes des navires, épaves en dérive, coquillages sédentaires; — ou les huîtres et les moules, *mollusques* condamnés à dérouler leur existence au même point du rocher où ils se sont une fois attachés; — ou les *polypes*, vivant en laborieuses communautés dans les maisons de pierre qu'ils savent ingénieusement s'édifier; ou encore les *éponges*, colonies de protozoaires diffluents, partout, à la base de ces animaux dont la vie n'est qu'une végétation, nous trouvons, comme un bienfait admirable accordé par la Providence, la possibilité d'un voyage rapide au sein des eaux, à la recherche du domicile qu'il ne sera plus permis de quitter dès qu'on l'aura une fois adopté.

Tous ces êtres, cirrhipèdes, mollusques fixés, polypes et éponges, commencent leur existence sous la forme de larves nageantes, très différentes pour l'aspect de leurs parents, et munies de systèmes de cils qui leur permettent des pérégrinations dans le liquide. N'est-ce pas là l'histoire des algues et des champignons à zoospores?

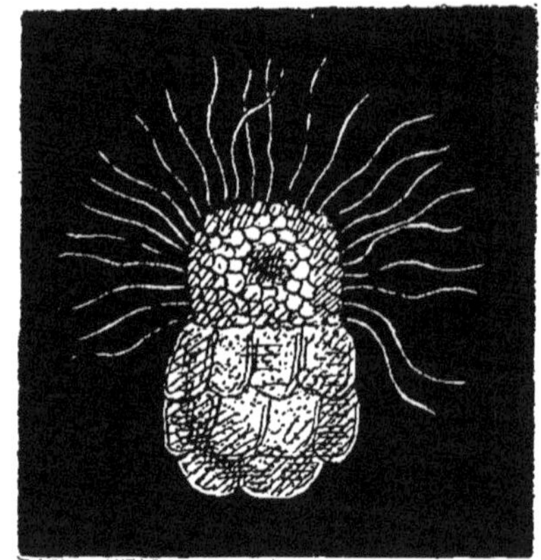

LARVE NAGEANTE D'ÉPONGE

Nous trouvons encore chez des plantes inférieures non soumises aux exigences du milieu aquatique, mais parfaitement émergées et terrestres, de petits organes munis de cils mobiles et doués par conséquent de la faculté de se déplacer librement. Ce sont les *anthérozoïdes*, corpuscules que l'on pourra observer chez les fougères, les mousses, les prêles.

Ces anthérozoïdes ont pour fonction de permettre chez les plantes qui en possèdent la maturation de l'œuf, point de départ de la reproduction de l'espèce. Leurs évolutions ne réclament pas, comme les zoospores des algues ou comme les larves nageantes des animaux marins sédentaires, un ample milieu liquide : une simple goutte de pluie ou de rosée y suffit.

Voilà donc que de nouveau nos recherches pour trouver une ligne de démarcation précise entre les deux natures, animale et végétale, ont échoué. L'analogie des réactions à la lumière, de la mobilité spontanée, crée des points de contact indiscutables entre l'une et l'autre.

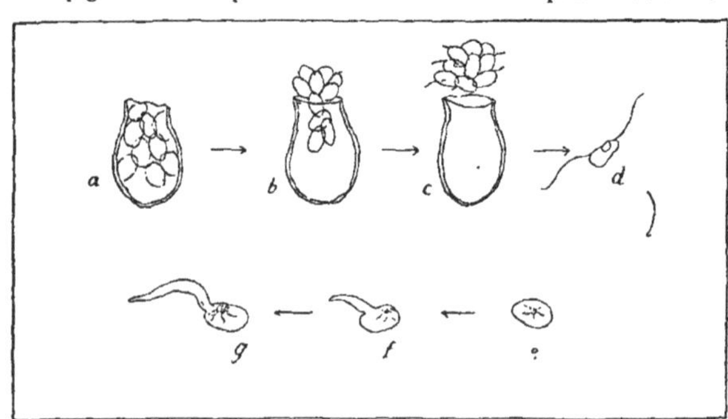

DÉVELOPPEMENT D'UNE ZOOSPORE

a, Zoospores encore contenues dans leur sac (conceptacle); *b*, *c*, leur mise en liberté; *d*, une zoospore isolée; *e*, *f*, *g*, phases successives de la germination : la zoospore est fixée et a perdu ses cils locomoteurs.

Cependant, si nous ne demandons pas à la science cette rigueur absolue qu'elle est impuissante à nous donner, une solution approximative et satisfaisante du problème n'est pas impossible.

Un habile botaniste,

M. Gaston Bonnier, indique comme la plus sûre et la plus constante caractéristique de la nature végétale la présence de la *cellulose*, composé chimique qui n'entre point dans la constitution de l'organisme animal.

D'autres signes, quoique moins absolus, nous guideront encore dans la généralité des cas. Ainsi, chez la plupart des animaux, où la motilité est la règle, les mouvements sont rendus possibles grâce à un système de fibres contractiles constituant les muscles. Chez les plantes, où il faut bien reconnaître d'ailleurs que la motilité est l'exception, rien de semblable : pas de muscles, et surtout pas de système nerveux; à peine une sensibilité très rudimentaire et parfaitement inconsciente.

Chez l'animal encore, la nourriture n'est ordinairement assimilée qu'après avoir subi une transformation dans un ou plusieurs organes spécialement consacrés à cette fonction. Chez la plante, où cependant la digestion chimique est très complexe, il n'y a point d'appareil digestif proprement dit, et la fonction s'accomplit au sein des tissus.

De même on ne constate dans aucune plante une véritable circulation des fluides comparable dans son mécanisme à celle qui est réalisée chez l'animal. Il n'y a point là ce voyage sage et défini d'un fluide sanguin, partant d'un centre où il reçoit son impulsion, pour y revenir après avoir cédé aux différentes parties du corps les éléments nutritifs dont il était chargé.

L'ascension de la sève dans la plante ne rappelle que très vaguement le phénomène de la circulation animale; elle n'a point à sa base cet appareil qui donne l'impulsion initiale, ce cœur qui, tantôt très nettement constitué, tantôt seulement rudimentaire et indiqué par un tube contractile, existe dans une grande étendue de la série zoologique.

Tandis que l'animal tire sa nourriture de substances organisées, chair ou matières végétales, la plante s'alimente normalement aux dépens du règne minéral : ses racines absorbent de l'eau, des gaz, des sels, et c'est par la transformation de ces principes inorganiques qu'elle s'entretient et se développe.

On pourrait sans doute compléter cette série de distinctions un peu superficielles et qui ne sont pas absolues; mais il n'est peut-être pas nécessaire de démontrer plus longuement que, en dehors des cas ambigus réservés aux discussions des savants, les mots *animal* et *plante* conservent, dans le langage ordinaire, toute la valeur respective que l'usage leur a attribuée. Cette base est suffisante pour l'intelligence de ce qui va suivre.

CHAPITRE II

LA CELLULE VÉGÉTALE

Tout être vivant est, en dernière analyse, constitué par un élément essentiel, au delà duquel le corps ne peut plus être divisé.

Parfois cet élément demeure isolé et constitue à lui seul un individu; plus souvent il est uni à d'autres éléments analogues à lui, par des liens plus ou moins étroits et une fusion plus ou moins intime.

L'élément essentiel et primordial de l'organisme vivant, qu'on le considère dans l'animal ou dans le végétal, est la *cellule*. C'est, bien entendu, un atome inaccessible à l'œil humain, et seul le microscope peut en révéler l'existence, la forme, les fonctions, la structure.

Isolée et élevée au rang d'individu, ou simple unité d'un organisme complexe qui en comprend un grand nombre, d'aspects divers, toute cellule a sa vie propre : c'est un exigu laboratoire où s'accomplit séparément une portion du travail vital du corps dont elle fait partie.

La cellule se nourrit, digère, respire pour son compte; la mort d'une cellule dans un organisme peut très bien ne pas entraîner la destruction de ses voisines.

Cependant, du fait de leur respective proximité, les diverses cellules d'un même individu vivant contractent des liens d'étroite solidarité, qui les rendent dépendantes les unes des autres et les obligent à se rendre de mutuels services.

Ainsi les citoyens d'une république bien organisée ont le devoir de s'entr'aider et de sacrifier dans une mesure leur avantage particulier à l'intérêt de tous. Le bonheur et la prospérité de la communauté dépendent de la coopération de chacun de ses membres.

La nature des relations des cellules d'un même corps, très simple dans les espèces des classes inférieures, se complique à mesure que l'on gravit les échelons de la série zoologique ou de la série botanique. La forme et les fonctions se diversifiant davantage, l'union des cellules se fait parallèlement plus intime.

Chez les êtres moins élevés, ces éléments sont tous à peu près aptes aux divers actes vitaux accomplis par l'individu, et prennent une part égale à la besogne commune. Chacun mange, digère, reproduit, sans que ces fonctions soient nettement séparées et réparties en des points spéciaux du corps.

Mais, plus haut, se fait de plus en plus apparente la division du travail physiologique; les fonctions se localisent, et les cellules, tout en concourant à la vie générale, reçoivent chacune une mission déterminée, suivant la place qu'elles occupent.

C'est ainsi que, chez les animaux, nous en voyons se grouper en muqueuses pour le travail de la digestion, tandis que d'autres réalisent par leurs juxtapositions des vaisseaux où circule le sang, lui-même charriant des cellules vivantes spéciales; d'autres forment des poumons pour la respiration, des os pour le soutien du corps, des muscles pour les mouvements, des nerfs pour recueillir les impressions du dehors et y réagir par des excitations motrices.

La différenciation des organes ne va pas aussi loin chez les végétaux; nous y trouvons cependant des tissus physiologiquement distincts, et dont chacun suppose une appropriation spéciale des cellules qui le constituent.

Il est à peine besoin de faire remarquer que la forme propre des cellules varie suivant qu'elles conservent une relative indépendance ou que leur existence obscure, ayant perdu presque totalement son individualité, se fond et s'absorbe dans le fonctionnement global de l'organe dont elles ne constituent plus, isolement, qu'une infinitésimale parcelle.

A l'état libre, lorsqu'elle représente à elle seule un individu ou un organe, la cellule prend l'aspect globuleux, ou du moins une forme qui se rapproche sensiblement de celle de la sphère. En combinaison dans un tissu vivant, elle s'étire, se comprime, se ramifie de manière à harmoniser son profil avec celui de ses voisines.

La cellule végétale consiste essentiellement en un petit sac de cellulose, renfermant une substance vivante semi-fluide, que l'on nomme le *protoplasma*, et un noyau, qui paraît dû à une condensation du protoplasma, et qui en concentre toutes les aptitudes vitales.

Théoriquement sphérique, sa connexion avec ses voisines lui donne bien plus souvent une configuration polyédrique, prismatique ou cubique. Parfois elle s'étire en cylindre et se juxtapose avec d'autres en files plus ou moins longues.

Dans un tissu lâche, les cellules ne se touchant que par un petit nombre de points laissent entre elles des cavités irrégulières. Si, en dehors des points de contact unissant des cellules polyédriques, se glisse entre les parois contiguës un liquide ou un gaz qui les sépare, il en résulte pour la cellule la forme d'une étoile offrant un nombre variable de rayons.

Cette forme curieuse est réalisée dans l'épiderme inférieur des feuilles d'un assez grand nombre de plantes.

La membrane enveloppante de la cellule est parfois lisse; plus généralement, elle présente des zones plus minces dont la répartition dessine des figures variées.

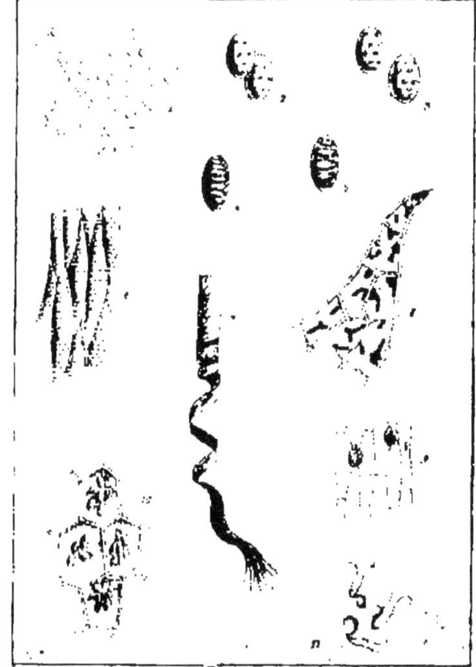

LA CELLULE VÉGÉTALE

1 Cellules rameuses de fève. — 2 Cellules ponctuées de sureau. — 3 Cellules rayées de gui. — 4 Cellule spiralée d'orchis. — 5 Cellule annelée de gui. — 6 Fibres ponctuées de clématite. — 7 Trachée (déroulée) de bananier. — 8 Cellules d'hépatique avec globules de chlorophylle. — 9 Stomates (orifice servant aux échanges gazeux). — 10 Grains d'amidon dans les cellules. — 11 Anthérozoïdes d'une mousse (polytric).

Tantôt ces zones minces sont de simples ponctuations, et la cellule ainsi organisée est dite *ponctuée*; tantôt elles sont allongées et linéaires, et la cellule qui les présente est dite *rayée*. Dans la cellule *réticulée*, les lignes plus minces forment un réseau, une hélice dans la cellule *spiralée*, des anneaux complets et superposés dans la cellule *annelée*.

En s'allongeant et en s'amincissant aux deux extrémités, la cellule devient une fibre. La paroi de la fibre présente la même diversité de dessins que celle de la cellule.

Allongez encore ce petit sac globuleux qui constitue la base de l'organisation de la plante : voilà réalisé le *vaisseau* végétal, tube fin, cylindrique, délié, avec des rétrécissements de distance en distance. Son enveloppe, jamais lisse, est, comme la paroi de la cellule dont il n'est qu'une modification, tantôt ponctuée, tantôt rayée, réticulée, spiralée annelée.

Une mention spéciale doit être accordée aux vaisseaux spiralés, pour lesquels on a créé la dénomination de *trachées*. Figurez-vous des tubes membraneux, de calibre extrêmement réduit, à l'intérieur desquels s'enroule d'un bout à l'autre, sans solution de continuité, un fil spiral cylindrique, plan ou à section prismatique.

Il est facile de voir des trachées, même à l'œil nu : l'expérience est gracieuse et ne nécessite pas une habileté extrême. Il suffit, par exemple, de prendre une feuille de rosier, jeune et encore tendre, et de la rompre avec précaution. Sur la ligne de rupture, on verra des trachées, sous la forme de fils excessivement ténus, qui s'allongent à mesure que se déroule le vaisseau qu'ils constituaient.

Le noyau des cellules jeunes fournit, parallèlement à leur développement, diverses substances nécessaires à l'entretien du corps et des fonctions de la plante : de la cellulose, de la fécule, de la chlorophylle.

La cellulose est une matière insoluble qui constitue essentiellement l'enveloppe de la cellule végétale et des éléments qui en dérivent, fibres et vaisseaux. Sa composition chimique est sensiblement constante dans toute la série botanique. On trouve la cellulose presque à l'état pur dans la moelle de sureau, le coton, les fibres des plantes textiles, le linge, le papier.

La fécule, ou amidon, se reconnaît aisément à la belle couleur bleue qu'elle revêt sous l'influence de l'iode. Insoluble dans l'eau froide, l'eau chaude la coagule.

L'amidon est une substance de réserve, élaborée par la plante sous l'influence de la lumière solaire et emmagasinée dans les tissus végétaux, pour disparaître ensuite à mesure que la nutrition le consomme ou le transforme en d'autres substances. Ainsi les poires, les pommes renferment beaucoup d'amidon jusqu'aux approches de la maturité, époque où il se change en sucre. De même, à la germination, l'amidon emmagasiné dans la graine est résorbé pour fournir au développement de la petite plante.

Dans les cellules, les grains de fécule prennent une forme sphérique ou irrégulièrement ovale, et montrent à leur surface des lignes qui dessinent des cercles concentriques.

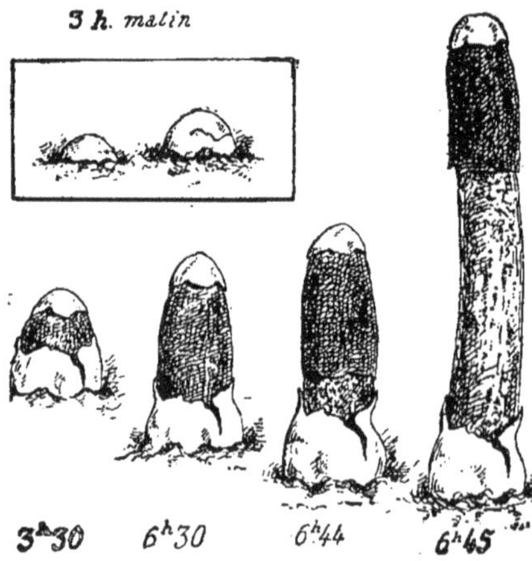

DÉVELOPPEMENT RAPIDE
DU « PHALLE ORANGÉ » DE HAWAÏ

Quant à la chlorophylle, c'est, nous l'avons dit, la matière verte des feuilles; sa formation accompagne la fonction chlorophyllienne, qui s'accomplit par un dégagement d'oxygène et une fixation de carbone, lequel, en se combinant avec l'hydrogène contenu dans la plante, produit de l'amidon.

On trouve encore dans les cellules des éléments minéraux divers, formant des cristaux qui tantôt demeurent isolés, tantôt s'agglomèrent en noyaux hérissés de pointes ou en faisceaux d'aiguilles parallèles.

Les cellules végétales se multiplient suivant deux modes principaux : par *bourgeonnement*, grâce à la production, sur la paroi de la cellule-mère, d'une éminence qui se remplit de protoplasma et s'isole par une membrane de cellulose; par *segmentation*, le protoplasma se divisant en deux portions dont chacune s'entoure d'une enveloppe.

Le phénomène de la multiplication des cellules s'opère, à certaines époques de la vie de la plante, avec une grande rapidité : par exemple au printemps, quand les feuilles développent leurs vastes surfaces sous l'influence de la montée de la sève et de la chaleur extérieure.

Parfois, la vitesse de cette multiplication atteint un degré qui confond l'imagination. On cite à ce propos l'exemple bien curieux de la vesse-de-loup géante (*Bovista gigantea*).

Une variété de ce champignon, qui habite les jardins ou les terres cultivées, croît souvent en une seule nuit, et dans ce court espace de temps atteint facilement le volume d'une grosse citrouille. Or, cette masse naît d'un germe microscopique et tout à fait invisible. En quelques heures, elle acquiert donc un développement comparable à celui qu'un enfant n'atteint qu'au bout d'une dizaine d'années.

La vesse-de-loup n'étant composée que de cellules, il en faut un nombre énorme pour constituer un échantillon de cette taille, et il faut de plus que ces petits éléments prolifèrent avec une vertigineuse activité.

Le botaniste Lindley a calculé qu'un semblable champignon renferme plus de 47 milliards de cellules; en fixant la durée de son développement à douze heures, il en produit donc environ 4 milliards par heure, 65 millions par minute.

Un champignon de Hawaï, le *Phalle orangé*, qui est un funeste parasite de la canne à sucre, développe son chapeau en une minute, par une sorte de projection élastique : le phénomène rappelle le jeu du diable à ressort sortant de sa boîte. Mais il n'est pas certain que les cellules prolifèrent avec la rapidité qu'exige cette instantanéité, et peut-être ne font-elles que se dilater.

Nous avons dit que l'individu végétal peut être constitué exclusivement par une seule cellule. Ce petit corps, qui a sa vie propre et indépendante, échappe alors en général à la vue.

Les plantes unicellulaires, toutes reléguées dans les groupes inférieurs de la classification, sont assez nombreuses. Les unes sont des champignons, et à ce titre, privées de matière verte, elles sont astreintes à respirer et à se nourrir de la même façon que les animaux.

La levure de bière (*Saccharomyces cerevisiæ*) nous en fournit un exemple facile à étudier. Si, dans un verre d'eau additionnée de sucre, on place un peu de levure de boulanger, on voit bientôt l'eau présenter une sorte d'ébullition, tandis qu'à la surface du liquide vient flotter comme une boue jaunâtre et épaisse. Prenons, à l'aide d'une baguette de verre, une goutte de cette boue, et déposons-la, avec un peu d'eau distillée pour la délayer, sur une lamelle de verre que nous porterons sous l'objectif d'un microscope.

En examinant alors la préparation sous un grossissement convenable, nous reconnaîtrons que la levure est composée d'un grand nombre de corpuscules ovales, incolores, flottant dans le liquide. Chacun de ces corpuscules est une plante distincte. Quelques-uns d'entre eux offrent, en un point de leur surface, un globule plus petit.

Ce globule est un bourgeon; il va grossir, se détacher de la membrane de la cellule qui lui a donné naissance, puis vivre d'une manière indépendante et devenir à son tour le point de départ d'une nouvelle multiplication analogue.

Tous les végétaux unicellulaires incolores appartiennent au groupe des champignons. Il en est d'autres qui forment dans leur intérieur de la chlorophylle, et dont par conséquent la nutrition est exclusivement végétale. Ceux-là sont des algues.

Détachons à l'aide d'une lame coupante une parcelle de ces plaques vertes qui s'étalent sur les murailles ou sur les troncs d'arbres, du côté où la pluie les fouette habituellement, et examinons un peu de cette matière, délayée dans l'eau, sous l'objectif d'un microscope. Elle apparaît composée d'un grand nombre de petites sphères vertes disséminées dans le liquide.

Chacune de ces sphères est un individu de

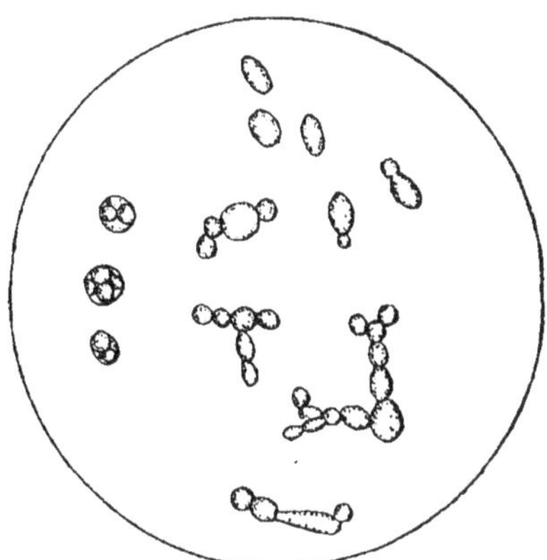

TYPE DE PLANTE UNICELLULAIRE
La levure de bière (*Saccharomyces cerevisiæ*) vue à un fort grossissement.

l'algue nommée *Protococcus viridis*. Elles ressemblent assez étroitement par la forme aux cellules de la levure, mais elles en diffèrent bien nettement au point de vue physiologique par la chlorophylle qu'elles contiennent et qui leur permet de transformer en substances organiques assimilables, sous l'influence de la lumière, les éléments inorganiques qu'elles puisent dans leur milieu.

Les plantes unicellulaires vertes vivent exclusivement plongées dans l'eau ou en des lieux où elles sont exposées à une humidité permanente.

Chez les végétaux plus élevés où les cellules s'unissent pour former des tissus (végétaux *pluricellulaires*), cette union se fait suivant des formules diverses, dont chacune régit d'une manière spéciale le mode de vie de l'individu.

Tantôt les cellules associées sont toutes incolores et semblables (c'est le cas, par exemple, du *Bacillus subtilis*, petit champignon filamenteux qui végète dans les infusions de foins); tantôt elles sont toutes semblables et vertes (ainsi dans le *Spirogyra*, algue qui forme des flocons verts enchevêtrés à la surface des ruisseaux); tantôt encore les cellules sont dissemblables, toutes incolores (la plupart des champignons), ou toutes vertes (un grand nombre d'algues), ou les unes incolores et les autres vertes.

Ce dernier assemblage représente la plus complète combinaison des cellules dans l'individu végétal. On peut l'observer chez un certain nombre d'algues, les mousses, les fougères, et la plus grande partie, la presque totalité des plantes à fleurs.

Les plantes à cellules exclusivement incolores ont la nutrition animale, sans dégagement d'oxygène; les plantes à tissus complètement verts ont la fonction chlorophyllienne et la seule nutrition végétale; les autres réunissent les deux modes.

La cellule qui constitue à elle seule une plante est un *individu;* la cellule qui entre en connexion avec d'autres pour former les tissus végétaux est un *élément*; voici maintenant la cellule qui est un *organe*, et qui a isolément à jouer dans le fonctionnement de la plante un rôle ordinairement très important.

Avez-vous parfois vu, des branches du coudrier secouées par les caresses un peu rudes d'un vent de février, s'échapper un petit nuage de poussière? Ou les blancs calices du lis souillés après la pluie par des macules de poudre jaune?

Cette poussière, qui s'envole des rameaux fleuris, ou qui tache les fleurs mouillées par l'orage, est le *pollen*.

Elle n'est pas spéciale au coudrier et au lis, choisis comme exemples; toutes les plantes à fleurs en produisent. Elle s'élabore au sein d'organes spéciaux nommés *étamines*, qui, lorsqu'elle est mûre, s'ouvrent pour lui livrer passage.

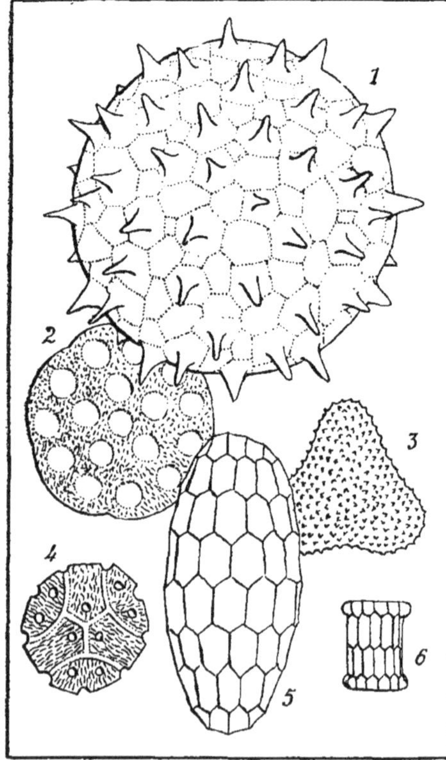

QUELQUES FORMES DE POLLEN
1. Hibiscus rosa-sinensis. — 2. Convolvulus soldanella. — 3. Lonicera periclymenum. — 4. Passiflora cælestina. — 5. Lilium longiflorum. — 6. Polygala vulgaris.

Le vent alors l'emporte, ou la trompe du papillon. Elle est formée de grains isolés, impalpables, invisibles séparément, et dont chacun constitue une cellule.

La fonction du pollen est, en tombant sur un autre organe de la fleur que l'on nomme le *pistil*, de provoquer le développement et la maturation des graines. Sans le pollen, toute fleur demeurerait stérile.

La forme et l'aspect des grains de pollen varient dans des limites très larges, et on pourrait presque dire que ces corpuscules ont une configuration particulière pour chaque espèce de plante. Rien n'est merveilleux comme cette riche diversité dévoilée par l'examen microscopique.

Cependant, quoique divers, le pollen offre des analogies dans toutes les espèces appartenant à une même famille naturelle. Les botanistes ont même tiré parti de ces analogies pour confirmer des alliances que d'autres caractères rendaient vraisemblables, et pour rompre de prétendues parentés auxquelles des ressemblances superficielles semblaient donner une trompeuse légitimité.

Chez les *Malvacées* (mauves, guimauve, rose trémière), les *Convolvulacées* (liserons), les grains de pollen sont en forme de petites sphères couvertes de papilles et d'un blanc argenté.

Chez les *Cucurbitacées* (melon, citrouille), ils sont également sphériques, ornés de papilles, mais d'un jaune doré. Chez beaucoup de *Composées* (immense famille dont le dahlia, le pissenlit, la pâquerette sont des exemples bien connus), le pollen est globuleux, armé de fines pointes aiguës qui divergent en tous sens.

Dans une espèce grimpante très élégante, et qui jouit à ce titre de la faveur des horticulteurs, le *cobæa scandens*, les grains de pollen sont couverts de petites verrues saillantes, dont chacune présente à son sommet un point brillant.

Or, une semblable structure se reconnaît aux grains de pollen des *phlox*, autres plantes ornementales très fréquemment cultivées. Ainsi se trouve confirmée l'opinion des savants qui regardent le *cobæa* et les *phlox* comme appartenant à la même famille botanique.

Ces saillies épineuses, ces verrues, ces accidents variés dont se hérisse le pollen dans un grand nombre de plantes ne sont pas seulement un ornement, un dessin admirablement géométrique destiné à réjouir l'œil humain qui contemple ces corpuscules sous le microscope.

Toutes ces protubérances ont pour la plante un intérêt immédiat et capital; dressées à la surface du grain de pollen, elles attendent l'insecte butineur qui, poussé par sa gourmandise, viendra recueillir le nectar préparé pour lui au fond de la fleur.

Et dès que la bestiole se présente, les minuscules dards s'accrochent aux aspérités de ses pattes, au velours de son abdomen, aux poils de sa trompe ou de ses mandibules; le pollen ainsi entreprend des voyages au sein des airs, et sera en toute sûreté déposé dans la fleur où sa présence est nécessaire au développement des graines.

D'une manière générale, les espèces où le transport du pollen s'accomplit par l'intermédiaire des insectes ont ainsi des grains verruqueux. En revanche, le pollen véhiculé plus ordinairement sur l'aile du vent ne présente pas d'aspérités sur sa surface. Cette loi cependant n'est pas absolument rigoureuse.

Chez les *Solanées* (pomme de terre), les *Gentianées* (gentiane), les *Caryophyllées* (œillet, saponaire), les *Graminées* (blé, orge, seigle, avoine), les grains de pollen ont le plus souvent une forme elliptique et sont marqués d'un sillon longitudinal.

Le jaune est la couleur la plus fréquente dans les grains de pollen, mais il y a des exceptions : chez le *bouillon-blanc*, par exemple, le pollen est rouge.

Lorsqu'on recueille du pollen sur une fleur pour l'étudier, il faut bien veiller à ne pas confondre avec celui réellement produit par la plante observée les pollens étrangers que les insectes ont pu fortuitement y transporter. Dans l'activité de leur récolte, ces empressés travailleurs induiraient facilement en erreur le savant sans défiance.

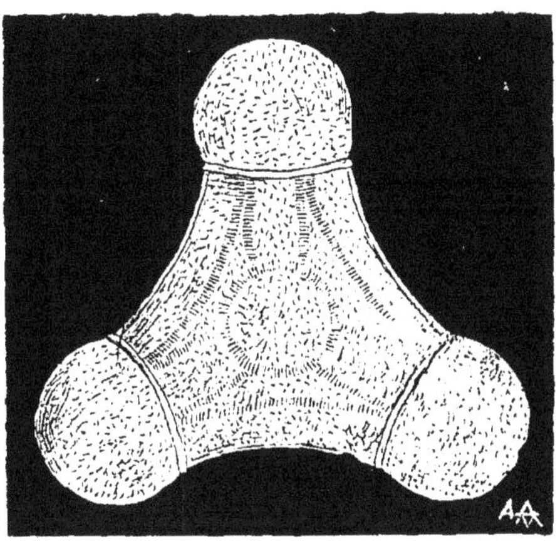

GRAIN DE POLLEN DE L'« ÉNOTHÈRE MACROCARPE »
(Grossi 330 fois.)

Ils causent d'ailleurs bien des mécomptes à l'horticulteur par le mélange inconscient qu'ils font sur la même fleur de pollens hétéroclites, mélange qui modifie la pureté héréditaire de la race et donne naissance à des variations inattendues et parfois très mal accueillies.

Variés dans leur forme, dans la sculpture ornementale de leur enveloppe, les grains de pollen ne le sont pas moins dans leurs dimensions.

Les plus volumineux appartiennent au genre Énothère ou *Onagre*, qui renferme de nombreuses espèces américaines dont quelques-unes, assez décoratives, ont mérité d'être introduites dans nos jardins : telle l'onagre bisannuelle, aux grandes fleurs d'un jaune soufre. C'est dans ce genre qu'on observe le plus gros pollen connu : il appartient à l'*Enothère macrocarpe*, et mesure plus d'un dixième de millimètre.

Il est donc visible à l'œil nu. Les grains de pollen des Énothères ont une curieuse forme trigone, avec, au centre, une dépression circulaire. Chez les *iris*, les *lis*, le *cobæa*, les grains de pollen sont également volumineux et peuvent être aperçus isolément à la vue simple.

En revanche, chez les *Rosacées*, les *Éricinées* (bruyères), les *Myrtacées*, le pollen est d'une ténuité extrême et ressemble à une poussière impalpable.

Celui du *figuier* est à ce point exigu qu'il

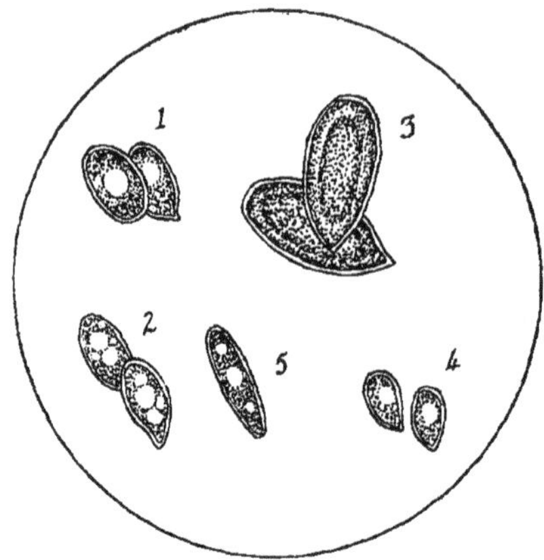

SPORES DE CHAMPIGNONS
1. Amanite. — 2. Psalliote — 3. Lépiote.
4. Marasmius. — 5. Bolet.

faudrait en aligner côte à côte environ 150 grains pour faire une longueur d'*un* millimètre. Ces corpuscules ont donc à peine les dimensions des globules du sang de l'homme.

Dans un petit nombre de familles, les Asclépiadées, les Orchidées, le pollen n'est pas pulvérulent et ne s'échappe pas en nuages : tous les grains développés dans une même cavité de l'étamine demeurent cohérents entre eux en une *masse pollinique*, très propre par sa structure à être enlevée par les insectes butineurs.

Parfois le pollen, produit en très grande quantité à la fois, dans les forêts, par des plantes d'une même essence, est transporté par le vent à des distances plus ou moins considérables, et retombe alors sous forme de pluie jaunâtre.

C'est le curieux phénomène de la *pluie de soufre*, qui a pu effrayer des populations ignorantes des choses de la botanique. Ce sont surtout les conifères qui, par leur abondante production de pollen, peuvent donner lieu à ces pluies anormales qui, malgré leur caractère mystérieux, n'ont rien de terrifiant dès qu'on en a surpris l'origine.

Une autre forme de cellule végétale isolément organisée est la *spore*, corpuscule reproducteur de toutes les plantes sans fleurs (champignons, algues, fougères, mousses, etc.). Ces plantes ne se multiplient point par des graines contenant en petit un individu déjà formé dans ses parties essentielles et qui n'a plus qu'à se développer, — mais par une cellule d'aspect homogène, microscopique, la *spore*.

La physiologie conduit à voir entre la spore et le grain de pollen des analogies fonctionnelles; cette ressemblance dans le rôle biologique expliquera pourquoi, entre le pollen et la spore, il y a d'étroits rapports de forme et d'aspect.

Rien de plus facile que de se procurer des spores pour les observer sous le microscope; les plantes cryptogames qui en produisent se rencontrent partout.

Sur le tissu feutré parsemé de globules glauques qui couvre la croûte d'une confiture moisie, appuyez, par exemple, une lamelle de verre, vous la retirerez chargée d'une poussière verdâtre composée d'une infinité de petits globules dont chacun est une spore.

Ou encore placez, sur cette même lamelle de verre, un chapeau de champignon, les feuillets en bas, et laissez le tout en repos pendant une heure. Les spores alors seront tombées en grand nombre, et bien que votre œil ne puisse les distinguer, si vous portez la lamelle sous l'objectif, elle vous paraîtra constellée par les ténus corpuscules.

De même il est facile de recueillir les spores *des fougères*, placées ordinairement à la face inférieure de leurs feuilles, ou celles des *mousses*, renfermées dans des conceptacles en forme d'urnes, ou celles des *prêles*, qui s'échappent en nuages poudreux des épis de ces plantes articulées.

Les formes des spores sont plus variées encore que celles des grains de pollen; mais un puissant microscope est nécessaire pour pouvoir en observer les admirables détails et la merveilleuse diversité.

CHAPITRE III

LES ALIMENTS DE LA PLANTE

Pour développer, accroître, entretenir son corps, tout être vivant est astreint à absorber des matières étrangères, à les transformer en substances capables d'entrer dans la composition de ses organes, à rejeter leurs parties utilisées et devenues nuisibles. Ces actes d'absorption, de digestion, d'assimilation et de désassimilation forment par leur succession un ensemble physiologique que l'on désigne sous le nom de fonction de nutrition.

La nécessité d'une métamorphose chimique des substances ingérées pour qu'elles puissent devenir des aliments est absolue dans toute la série vivante.

Si, par exemple, nous considérons les animaux carnassiers, nous voyons que la chair dont ils se nourrissent ne peut faire partie de leur corps qu'autant qu'elle a subi l'action des sucs sécrétés par l'estomac et par l'intestin, et que sous l'influence de ces sucs elle a été transformée en « peptones » absorbables.

Que, pour un motif quelconque, cette transformation ne puisse s'accomplir, et la chair traversera telle quelle le tube digestif, sera rejetée sans avoir perdu de son poids, et par conséquent sans avoir rien cédé au corps de l'animal qui l'avait avalée. En d'autres termes, elle n'est pas devenue un aliment.

De même l'amidon, qui est insoluble, ne peut être absorbé qu'après avoir subi une modification par le ferment contenu dans la salive; de même encore les substances grasses, huiles et graisses, doivent, pour fournir des aliments, recevoir dans l'appareil digestif une préalable transformation.

Certains éléments, cependant, sont directement nutritifs sous la forme où ils sont absorbés: ainsi l'eau, qui entre sous cet état dans la composition des corps; ainsi encore divers sels minéraux en dissolution dans l'eau.

La fonction de nutrition s'accomplit, dans le règne végétal, suivant deux modes distincts, dont la différence est réglée par cette dissemblance physiologique qui sépare, nous l'avons dit déjà à plusieurs reprises, les plantes en deux catégories bien nettes: les unes étant aptes à élaborer de la chlorophylle ou matière verte, les autres étant privées de cette aptitude.

Il y a, entre celles-là et celles-ci, une barrière fonctionnelle qu'on ne saurait rendre trop évidente: car il faut toujours se rappeler très exactement la présence de cette barrière si l'on veut obtenir une connaissance précise de la biologie végétale.

Force nous est donc d'étudier l'acte nutritif séparément dans chacun des deux groupes.

Les plantes à chlorophylle, qui représentent l'expression la plus pure, la plus parfaite de la nature végétale, peuvent se nourrir aux dépens de matériaux exclusivement minéraux, qu'elles empruntent à l'atmosphère ou qu'elles puisent dans le sol par les racines qui les y fixent.

A l'atmosphère elles soutirent du carbone, sous la forme d'acide (anhydride) carbonique, et aussi un peu d'eau, à l'état liquide ou de vapeur; le sol fournit l'eau et les sels minéraux qui y sont en dissolution.

Si l'on fait l'analyse chimique des tissus végétaux, il est facile d'en déduire la liste des éléments simples dont la présence est absolument nécessaire à l'entretien du corps de la plante.

Ces éléments sont le carbone, l'oxygène, l'hydrogène, l'azote, le soufre; le potassium, le calcium, le magnésium, que l'on trouve dans la plante à l'état de carbonates; le sodium, le chlore, et surtout le fer, indispensable à la chlorophylle comme il l'est à nos globules sanguins, et sans lequel la plante tombe dans une « anémie » qui peut la conduire à la mort.

Tous ces corps simples sont absorbés par le végétal à l'état de combinaisons chimiques.

Nous avons dit déjà que le carbone est emprunté pour une grande partie à l'anhydride carbonique de l'air. Les plantes aquatiques entièrement submergées le puisent dans l'air atmosphérique que l'eau contient en dissolution. Il est en outre évident que les racines absorbent aussi le carbone existant dans les matières organiques toutes formées qui se trouvent dans le sol.

Car si la plante verte sait accomplir cette merveilleuse métamorphose du minéral en substance organique assimilable, à plus forte raison peut-elle s'emparer des aliments tout élaborés qui se trouvent dans le champ d'action de ses organes absorbants.

L'azote provient presque exclusivement des sels azotés du sol. Il n'est emprunté que très exceptionnellement à l'atmosphère, et l'azote de l'air, que les tissus végétaux absorbent en grandes quantités avec l'oxygène, est rejeté intégralement, sans perte de poids et sans avoir été utilisé.

L'hydrogène est fourni à la plante en partie par l'eau, en partie par les matières azotées, spécialement les sels ammoniacaux. L'oxygène employé pour l'élaboration des aliments provient du sol, où il existe à l'état de combinaisons non gazeuses,à l'inverse de celui qui sert à la respiration végétale et qui est extrait sous forme gazeuse de l'atmosphère.

Le soufre et le phosphore proviennent respectivement des sulfates et des phosphates du sol.

Une partie de ces corps composés absorbés par la plante se combine directement et sans préalable modification avec la substance vivante des cellules végétales; l'autre partie est décomposée, dans les organes verts, sous l'influence de la lumière et de la chaleur, en éléments qui, mis en liberté, reconstituent de nouvelles combinaisons qui deviennent proprement les aliments de la plante.

Cette transformation de minéraux en substances organiques nutritives s'accomplit par une série de phénomènes complexes, dont le mécanisme est loin d'être connu encore, et que l'on a groupés sous le nom de *fonction chlorophyllienne.*

Il y a là autre chose qu'un simple jeu de forces physico-chimiques; les affinités et les propriétés naturelles des corps sont mises en activité et gouvernées, dans leur participation aux actes vitaux, par une force spéciale que le règne inorganique ne connaît pas.

L'accomplissement de la fonction chlorophyllienne, mal connu dans son travail intime, se traduit par une manifestation, on pourrait dire par un symptôme, très accessible à nos moyens d'observation : à savoir, l'absorption d'anhydride carbonique atmosphérique par les parties vertes des plantes exposées à la lumière, et le rejet parallèle d'oxygène par les mêmes organes.

Une des conditions indispensables à l'accomplissement de cette fonction est la présence de la lumière. Des expériences assez récentes tendent à établir que, au moins dans certains cas et contrairement à ce qu'on avait toujours cru, les rayons solaires n'ont pas l'exclusive vertu de provoquer l'acte chlorophyllien, et qu'on peut leur substituer la lumière électrique.

Les rayons du spectre solaire qui sont les plus réfringents (rayons chimiques: violet, indigo, bleu), sont les moins favorables à l'accomplissement de la fonction chlorophyllienne, qui s'exagère au contraire sous l'influence des rayons lumineux et atteint son maximum sous l'action des rayons jaunes.

En résumé, la fonction chlorophyllienne, manifestée par ce symptôme d'échanges gazeux que nous avons indiqué, aboutit à la combinaison des corps simples en substances capables de servir à la nutrition de la plante.

Comment se fait cette combinaison ? Faut-il admettre que, dans le corpuscule chlorophyllien, le carbone extrait de l'atmosphère s'unit à l'eau et aux autres éléments minéraux puisés dans le sol, pour former des corps plus complexes ?

Ou bien les combinaisons d'hydrogène et de carbone que révèlent les tissus végétaux sont-elles le résultat de la désassimilation des principes quaternaires de la plante? Et leur production serait-elle ainsi tout à fait analogue à celle de la graisse et du glycogène chez les animaux ?

Cette question, d'un si haut intérêt, n'a point encore été tranchée dans l'état actuel de nos connaissances.

Nous venons de voir les plantes vertes réaliser, à l'aide d'éléments exclusivement minéraux, la synthèse de composés organiques absorbables.

Bien qu'il soit aujourd'hui démontré que les végétaux sans chlorophylle (champignons, espèces diverses parasites) ne sont pas absolument incapables d'opérer cette synthèse, cependant, dans les circonstances ordinaires, ils se nourrissent de préférence aux dépens de substances organiques azotées.

Il en est de même des cellules sans chlorophylle qui entrent dans la composition des végétaux verts.

Les matières azotées ne peuvent servir à l'alimentation de la plante, ne peuvent être assimilées qu'après avoir subi des modifications analogues à celles qui se produisent au sein des aliments des animaux dans l'acte de la digestion.

Il y a donc une véritable digestion végétale, consistant, comme la digestion animale, dans une transformation des principes insolubles ou non diffusibles en principes solubles et diffusibles. Cette transformation s'opère sous l'influence de substances spéciales produites par la plante elle-même et connues sous le nom de ferments solubles.

L'absorption des matériaux alimentaires se fait principalement par les racines. La pénétration de l'eau dans ces organes s'explique aisément par le phénomène physique désigné sous le nom d'*osmose*, et en vertu duquel, deux liquides d'inégale densité étant séparés par une membrane organique, le plus dense absorbe l'autre rapidement.

Chez les plantes, le protoplasma des racines étant plus dense que l'eau ambiante, un courant osmotique intense se dessine de l'extérieur vers l'intérieur.

Les principes insolubles du sol ne pénètrent dans la plante qu'après avoir été rendus solubles par des substances excrétées par les racines elles-mêmes. Ainsi le carbonate de chaux est transformé en bicarbonate soluble par l'action d'un liquide chargé d'acide carbonique rejeté par les racines.

Dans les cas où la plante sans chlorophylle est nettement parasite, elle puise l'amidon, le sucre, les graisses contenus dans les cellules de son hôte nourricier après leur avoir imposé une préalable digestion.

Les phénomènes de la digestion végétale sont très variés en raison de la diversité des substances sur lesquelles ils s'opèrent. Ils relèvent cependant d'un principe général et uniforme, à savoir la transformation des composés chimiques en d'autres corps sous l'influence d'un ferment d'origine organique.

A titre d'exemple, indiquons rapidement comment se fait la digestion de l'amidon.

A l'état normal et tel qu'il se forme dans les cellules végétales, l'amidon apparaît en corpuscules solides, insolubles dans l'eau; ainsi constitué, il n'aurait aucune valeur nutritive, parce qu'il ne traverserait pas les membranes des cellules.

Les physiologistes avaient reconnu depuis longtemps déjà que l'amidon est rendu soluble par la salive, lorsque Payen trouva dans l'orge germée un corps azoté, la *diastase*, jouissant de la propriété de dédoubler l'amidon en deux autres substances, la dextrine et le glucose.

Or, cette diastase existe dans la salive, dont elle constitue la seule partie active (on la nomme à cause de cela *ptyaline*); elle se trouve aussi dans le suc pancréatique, dans le sang, dans le foie, où elle transforme en glucose l'amidon animal ou *glycogène*.

La diastase est toujours présente dans les tissus végétaux aux points où il y a une réserve d'amidon à transformer.

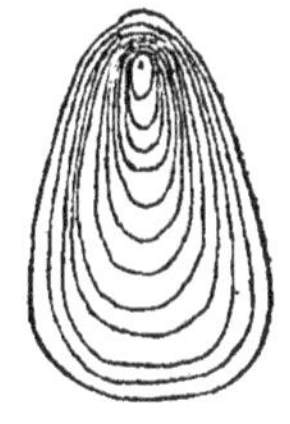

UN GRAIN D'AMIDON
Fortement grossi.

Quand une graine placée dans des conditions favorables de chaleur et d'humidité germe, comme elle est encore incapable de rien tirer du sol, elle ne peut se nourrir qu'aux dépens de la réserve d'aliments emmagasinée dans ses propres tissus.

Cette réserve est principalement constituée par de l'amidon; pour le transformer et l'assimiler, la petite plante en voie de développement sécrète une diastase, — identique à celle de la salive et à celle que Payen retira pour la première fois de l'orge germée.

Cette même diastase apparaît au printemps dans les tubercules de la pomme de terre, qui ne sont pas autre chose que de vastes réservoirs d'amidon; cet amidon, sous l'action de la diastase, fournit du glucose qui pénètre dans les bourgeons pour les nourrir à mesure qu'ils s'accroissent.

M. van Tieghem a pu nourrir pendant quelque temps des graines en germination de « belle-de-nuit », après leur avoir soustrait leurs réserves alimentaires naturelles, en plaçant dans leur voisinage une pâtée d'amidon de pomme de terre et de sarrasin. Les grains constituant cette pâtée furent corrodés et dissous, évidemment sous l'influence d'une diastase sécrétée par la graine en développement.

De même que l'amidon ne peut être assimilé par l'organisme végétal qu'après trans-

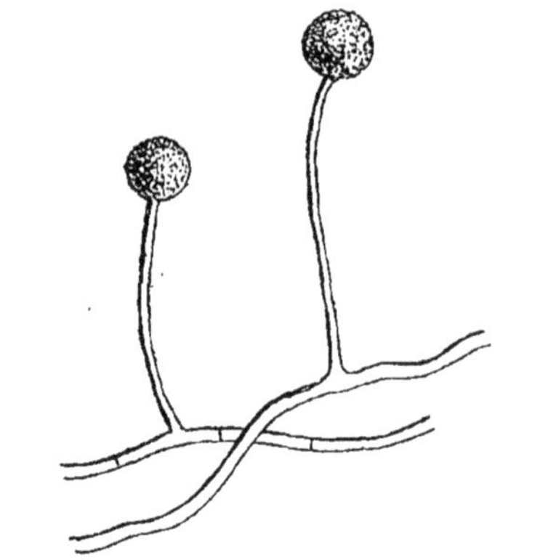

UNE MOISISSURE
Mucor mucedo, très grossi.

formation, de même les graisses, pour devenir des aliments de la plante, doivent être digérées, c'est-à-dire d'abord émulsionnées, puis saponifiées.

Cette règle s'étend à toutes les substances organiques susceptibles de contribuer à l'alimentation de la plante. Toujours celle-ci fabrique le ferment spécialement nécessaire à la transformation de chacune de ses matières alimentaires.

Beaucoup de ces ferments sont encore mal connus.

Ne quittons pas ces questions sans dire quelques mots du phénomène désigné spécialement sous le nom de *fermentation*, phénomène qui est l'œuvre de végétaux microscopiques sans chlorophylle, et qui représente le produit de leur action digestive sur le milieu nourricier aux dépens duquel ils vivent.

Cette action ne diffère pas essentiellement des digestions que nous venons d'étudier, et dont la transformation de l'amidon par la diastase constitue le prototype schématique.

Les végétaux-ferments, ou ferments vivants, appartiennent surtout au groupe des champignons; ce sont des moisissures et des levures.

Les moisissures (ou mucorinés) sont ces productions bien connues qui étalent sur les substances organiques en décomposition, spécialement sur celles qui renferment du sucre, comme les confitures et les fruits, leurs fructifications semblables à un duvet ou à un feutre.

Si le milieu dans lequel prospèrent leurs filaments contient du sucre de canne (saccharose) en dissolution, ils le consomment sans l'intervertir, c'est-à-dire sans le changer en glucose et lévulose.

Si le milieu nourricier, au contraire, renferme du glucose, du lévulose ou du sucre interverti, le phénomène diffère. En présence de l'oxygène, la moisissure consomme ces sucres; privée d'air, elle les décompose en alcool, anhydride carbonique, acide succinique, glycérine; et si elle résiste à l'asphyxie, grâce à une adaptation spéciale, elle opère

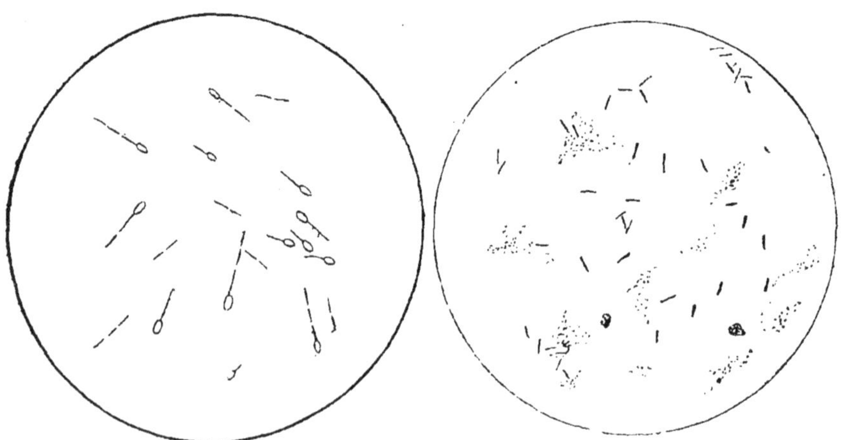

Bacille du tétanos. *Bacille de la tuberculose.*

TYPES DE BACTÉRIES PATHOGÈNES

une décomposition active et se transforme en ferment alcoolique.

Ces propriétés, qui ne sont qu'une conséquence de l'acte nutritif de la moisissure, ont fourni un procédé général pour la séparation du sucre de canne dans les mélanges de sucres, et en particulier un moyen industriel d'extraction du sucre de canne des mélasses.

Il suffit, en effet, de détruire le glucose des mélasses en y faisant végéter des moisissures à l'abri de l'oxygène; le sucre de canne n'est pas attaqué, et cristallise après que, par la distillation, on l'a séparé de l'alcool.

Les levures *(Saccharomyces)* sont des champignons bien plus inférieurs que les moisissures, et consistant seulement en cellules sphériques ou ovales qui naissent les unes des autres par voie de bourgeonnement. Ces petits êtres — individuellement invisibles, mais où le nombre fait la force — sont pour la plupart des ferments alcooliques, c'est-à-dire possèdent comme les moisissures, mais à un degré plus élevé, la faculté de transformer les sucres en alcool et anhydride carbonique.

On peut encore considérer comme des ferments les schizomycètes ou bactéries, que les naturalistes semblent s'accorder pour le moment à classer parmi les algues. Ces êtres extrêmement petits, dont plusieurs sont les agents de terribles maladies contagieuses, réagissent sur leur milieu nourricier, en vertu des actes de leur nutrition, par des manifestations chimiques d'une considérable intensité.

Les uns produisent la *putréfaction*, nom collectif des dédoublements accompagnés de produits volatils malodorants.

D'autres causent de véritables fermentations, soit, suivant les espèces, en présence et avec le concours de l'oxygène (fermentation par oxydation), soit nécessairement à l'abri de cet élément (fermentation par réduction).

Il est remarquable que, dans tous ces phénomènes, l'action chimique exercée par le micro-organisme est de beaucoup en disproportion avec son poids. Une très petite quantité de ferment transforme un volume énorme de matière fermentescible.

Quand la nutrition de la bactérie s'opère dans un milieu vivant (comme le corps humain), elle y porte des troubles graves qui peuvent aller jusqu'à la destruction; en ce cas, la bactérie est dite *pathogène*.

Aux dépens des matériaux minéraux ou organiques qu'elles absorbent pour se nourrir, les plantes élaborent et accumulent dans leurs cellules une foule de composés qui sont un inappréciable bienfait pour l'industrie ou la santé de l'homme : tannin, sucres, graisses, cires, essences, résines, baumes, alcaloïdes aux vertus puissantes et variées, substances tinctoriales.

Tandis que le règne animal, à peu d'exceptions près, ne nous fournit guère que des aliments, le règne végétal est comme un vaste laboratoire sans cesse en activité pour les besoins de la chimie et de la thérapeutique.

CHAPITRE IV

RAPPORTS AVEC LE VOISIN

Astreint à absorber des matériaux nutritifs, obligé de rechercher la lumière pour l'accomplissement de ses fonctions organiques, l'individu végétal ne saurait se soustraire à ces difficultés de la lutte pour la vie qui sont une loi générale dans la nature animée.

Aussi voyons-nous toute plante, dès sa naissance, chercher à conquérir sa « place au soleil » et s'efforcer de vaincre par son énergie vitale les voisines qui la lui disputent.

Il y a, dans cette guerre, beaucoup de défaites et peu de victoires. Les plus robustes ou les mieux adaptées triomphent des plus faibles, de celles qui sont moins solidement armées, moins efficacement protégées.

Ainsi, par une admirable disposition de la Providence, disposition qui s'étend d'ailleurs à toute la nature vivante, aucune espèce ne peut prendre un développement prépondérant, et chacune voit sa descendance maintenue dans une sage mesure, sa prolifération canalisée entre d'équitables limites.

Lutter sans cesse pour la nourriture, l'air et la lumière, contre les empiétements du voisin, tel est le sort de la plante. Il y en a qui poussent le défaut de générosité jusqu'à contraindre ce voisin à mettre à leur service sa propre force, ses aptitudes vitales, et même la nourriture qu'il élabore pour lui.

Un premier degré dans cet asservissement d'autrui, que nous verrons poussé jusqu'au plus indiscret parasitisme, nous paraît bien évidemment réalisé par les espèces grimpantes, qui ont besoin d'un secours étranger pour s'élever au-dessus du sol.

Les moyens, on pourrait presque dire les ruses, par lesquels ces espèces se procurent le soutien qui leur est nécessaire, sont multiples et divers.

Les unes, comme la fumeterre, la capucine, enlacent de leurs pétioles tortiles les tiges qui les avoisinent, et forment ainsi autour de ces tiges des boucles qui leur permettent d'y adhérer étroitement. D'autres, comme le lierre, émettent de distance en distance des séries de crampons, grâce auxquels elles se fixent sur quelque tronc hospitalier.

D'autres ont de larges filaments contournés en spirale, des vrilles; faut-il nommer dans cette catégorie tant d'espèces connues : la vigne, la bryone, la vesce, le pois ?

D'autres encore voient la tendance à l'enroulement réalisée dans leur propre tige, qui croît en hélice autour de l'axe cylindrique offert par quelque rameau voisin et devient *volubile*. Des exemples familiers de plantes volubiles nous sont fournis par le haricot, le houblon, le liseron.

Quand les plantes grimpantes sont faibles et herbacées, elles nuisent peu à celles auxquelles elles s'accrochent; mais il y en a qui prennent un grand développement et deviennent de véritables arbres enroulés autour de leurs voisins.

Elles accablent alors leurs malheureux hôtes de leur poids et les enlacent si étroitement qu'elles les étouffent en arrêtant toute possibilité de végétation. Ces intruses malfaisantes sont désignées parfois dans le langage vulgaire sous le nom de « bourreaux des arbres ».

Une glycine, le *Wistaria frutescens*, en est un exemple; et les *lierres* âgés se rendent aussi coupables de semblables méfaits. N'avez-vous pas quelquefois vu, dans les bois, des arbres marqués de gros cordons en hélice, trace évidente de l'étreinte spirale d'un énergique chèvrefeuille ?

Quand les tiges grimpantes se projettent seulement sur leurs voisines sans les embrasser étroitement, elles constituent des *lianes*. Les lianes sont très fréquentes dans les forêts vierges, dont elles font l'ornement et comme la caractéristique.

On peut en voir dans nos pays : notre jolie clématite, si commune dans les haies qu'elle décore en hiver de ses panaches plumeux, n'est pas autre chose qu'une liane.

Parfois, mais rarement, c'est par ses racines que la plante s'attache à son soutien vivant et l'enlace sans pitié. Le *Clusia rosea,* qui habite les Antilles, laisse pendre, du haut des palmiers où il s'est fixé, ses racines aériennes, qui d'abord entourent innocemment le tronc de l'hôte. Dès qu'elles ont atteint le sol, ces racines prennent un formidable accroissement, se soudent les unes aux autres, et bientôt forment autour de leur protecteur une gaine inextensible dans laquelle il étouffe.

Le *figuier maudit* — c'est ainsi que les indigènes désignent cet antipathique *Clusia* — peut être proposé comme le plus juste emblème de l'ingratitude.

Parfois la tige grimpante est armée de séries de petites saillies, de crochets minuscules, qui lui permettent de s'élever sur ses voisines. Le *houblon* est dans ce cas, et aussi le *gratteron,* cette rubiacée indigène si commune dans les lieux incultes, et qui est dans toutes ses parties, tige, feuilles, rameaux, fruits même, si rébarbativement âpre.

Les vrilles, encore appelées cirrhes par les savants, et qui, dans le langage imagé du peuple, sont des *mains,* ne constituent point des organes spéciaux, mais bien l'adaptation à de nouvelles fonctions d'autres organes normalement destinés à un rôle différent.

Et c'est ici une des innombrables occasions de faire admirer avec quelle simplicité, quelle économie de moyens le Créateur a réalisé chez les êtres vivants les buts les plus divers : le moins possible d'appareils distincts, le plus possible d'appareils homologues investis, suivant les cas et les besoins, d'une fonction particulière.

Le pétiole, par exemple, est normalement chargé de supporter les folioles ou le limbe de la feuille : mais quoi de plus simple, dans l'espèce qui a besoin à cause de sa faiblesse de ce mode de soutien, que de l'allonger et de le contourner en vrille?

Pour obtenir plus d'énergie, cette vrille pourra même être rameuse, grâce à une appropriation analogue d'une ou de plusieurs paires de folioles : la vrille ramifiée du *pois* et de la *vesce* n'a pas d'autre origine.

Chez la *vigne,* ce sont des pédoncules floraux qui se contournent en vrilles : si vous en doutiez, veuillez considérer que dans cette plante il y a toujours un certain nombre de vrilles qui portent de petites grappes de fleurs et de fruits.

Dans les espèces « volubiles », la tige tout entière est une vrille.

La science, qui explique tant de choses, n'a pas encore trouvé une cause rationnelle à l'enroulement des tiges et des vrilles ; l'accomplissement de ce phénomène, qui nous paraîtrait plus curieux si nous n'en avions chaque jour sous les yeux tant d'exemples familiers, est lié à des lois inconnues et restées jusqu'ici inaccessibles à nos moyens d'investigation.

L'intervention de l'électricité, expérimentalement appliquée soit aux plantes enroulées, soit à leurs supports, n'a fourni aucun résultat sensible. La lumière, la chaleur, l'humidité sont également sans action directe sur l'enroulement lui-même ; tout au plus ces agents peuvent-ils l'accélérer ou le retarder, et seulement dans les proportions où ils produisent ces effets sur les espèces non volubiles.

Bien plus, la lumière, qui d'ordinaire exerce une influence attractive sur les organes végétaux tendres, jeunes feuilles et jeunes pousses, semble ici produire une répulsion ; elle solidifie le côté de la tige sur lequel elle se porte.

On a remarqué que, dans le *haricot,* l'enroulement de la tige s'accélère à mesure que la plante grandit : alors que dans les commencements cette tige décrit à peine un tour par jour, elle en fait plus tard jusqu'à huit dans le même laps de temps.

La tige en voie d'enroulement se rapproche plus ou moins de son support, dans une espèce donnée, suivant l'heure de la journée.

Les spires sont plus ou moins larges selon que le support est plus ou moins gros ; mais, si ce dernier dépasse un certain volume, la tige volubile ne peut s'y enrouler. Les plantes astreintes à cette nécessité vitale et qui ne trouvent pas à proximité le soutien dont elles ont besoin se traînent et végètent mal.

Dans toute plante (nous reviendrons sur ce phénomène), la tige en voie d'accroissement décrit par sa pointe, d'une manière permanente, des mouvements curvilignes, c'est-à-dire quelle porte son sommet successivement vers tous les points de l'horizon, en dessinant une ellipse spirale.

Chez les espèces volubiles, ces mouvements sont très accentués, et la pointe de leur tige trace dans l'air des ellipses fortement allongées ; il semble qu'elle cherche à tâtons le soutien convenable, et en tout cas ses oscillations sont très favorables à son enroulement.

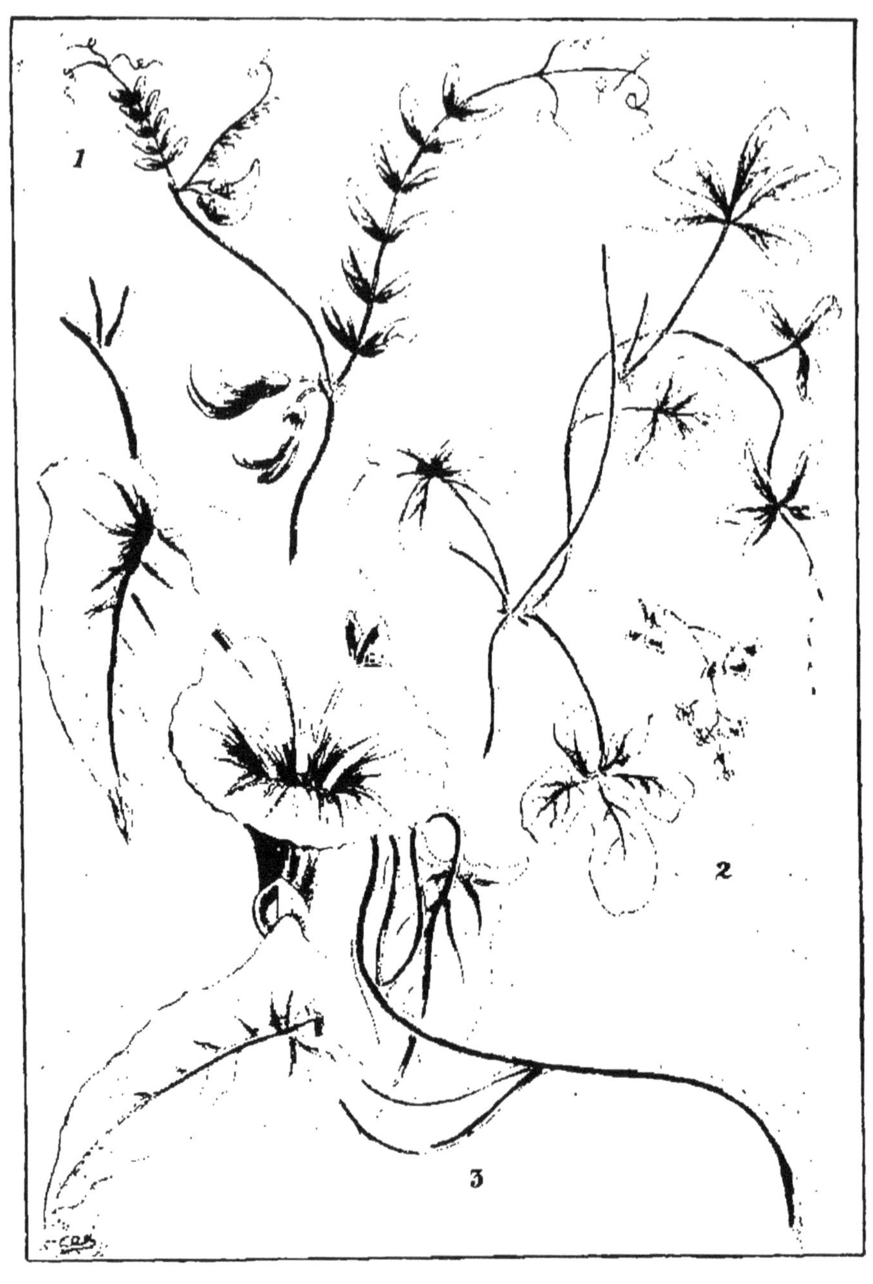

PLANTES GRIMPANTES

1. Fixation par vrilles (*Vicia*). — 2. Tige sarmenteuse, liane (*Akebia*). — 3. Tige volubile (*Calystegia*).

L'accroissement des tiges volubiles se fait d'une manière inéquilatérale, et s'accompagne par suite d'un mouvement de torsion. Ces tiges se tordent sur elles-mêmes à mesure qu'elles s'enroulent, de telle manière que chacune de leurs faces est successivement en contact avec le support.

En outre, les feuilles y provoquent, à leurs points d'insertion, des torsions locales, de manière à n'être jamais prises entre leur tige et l'hôte où elle s'enroule.

Les vrilles sont le siège de phénomènes mécaniques identiques ; elles diffèrent cependant des tiges volubiles, au point de vue physiologique, en ce qu'elles ne s'enroulent qu'autant qu'elles ont rencontré un corps étranger, tandis que l'enroulement des tiges commence indépendamment de tout contact.

Quand la vrille ne rencontre pas un objet où elle puisse s'enrouler, elle demeure droite et ne tarde pas à périr. En revanche, si, dans ses tâtonnements oscillants et à la faveur de sa répulsion pour la lumière qui la porte vers les corps solides, elle trouve un obstacle, elle s'y fixe parfois avec une surprenante instantanéité!

Une plante commune dans nos haies et nos bois, le *Tamus communis* (vulgairement « Sceau-de-Notre-Dame », à cause des cicatrices de sa racine), a donné lieu à ce sujet à d'intéressantes observations. Le professeur Macaire a vu sous ses yeux des vrilles de cette espèce former plusieurs nœuds autour d'objets cylindriques qui leur étaient présentés : des morceaux de fil de fer, des branches, un crayon, le doigt.

A défaut de corps étrangers, les vrilles s'enroulent souvent sur elles-mêmes, en dirigeant alors leur sommet vers leur base.

Dès que leur pointe a touché un corps solide, non seulement leur partie en contact s'enroule, mais même leur base, encore qu'elle soit isolée dans l'espace, commence à dessiner son mouvement spiral : l'impulsion d'enroulement se communique en même temps à l'organe tout entier.

Le sens de l'enroulement des tiges ou des vrilles est presque rigoureusement constant non seulement dans la même espèce, mais dans le même genre et fréquemment dans la même famille.

Tantôt il se fait dans le sens de rotation des aiguilles d'une montre, *dextrorsum* ; tantôt dans le sens contraire, *sinistrorsum*. Pour le reconnaître exactement, il faut se supposer placé soi-même au milieu des spires, à la place du corps servant de tuteur.

Le naturaliste Palm, qui a fait, il y a déjà longtemps, un travail d'ensemble sur les plantes volubiles, comptait vingt-cinq genres dans lesquels l'enroulement est *sinistrorsum* (vers la gauche) et dix dans lesquels il est *dextrorsum* (vers la droite).

Le premier mode se rencontre surtout dans les familles des Légumineuses, des Convolvulacées, des Asclépiadées, des Cucurbitacées, des Passiflorées ; le second dans les familles des Cap ifoliacées, des Urticées, des Smilacées, des Fougères.

Plus près de nous, Wollaston a voulu voir une relation entre la direction de l'enroulement et le cours du soleil dans la journée, et il estimait que, pour une même espèce, cette direction devait être en sens contraire dans les deux hémisphères.

Aucun fait, cependant, ne vient à l'appui de cette théorie. Il y a, de part et d'autre de l'équateur, des espèces volubiles dextrorsum et des espèces volubiles sinistrorsum. De plus, les espèces volubiles qui habitent les deux hémisphères ont un sens d'enroulement constant.

Enfin, il faut noter que les vrilles, dont le mécanisme d'enroulement est évidemment analogue à celui des tiges spirales, offrent dans certaines espèces un ou plusieurs changements de sens, séparés par des *points de retournement*. Sur une vrille un peu longue et à tours étroits, on peut parfois compter cinq ou six changements de direction.

Ce phénomène curieux est facile à observer sur la vigne, la bryone ou *couleuvrée*, le *cobœa*.

Les plantes grimpantes témoignent encore d'une certaine discrétion dans les services qu'elles demandent au voisin, dont elles ne convoitent que l'appui.

Un degré de plus dans cette exploitation d'autrui, et voilà réalisée la vie parasitaire, qui ne se borne plus à réclamer de l'hôte une protection, mais exige l'abandon, dans une proportion variable, de la nourriture qu'il élabore pour lui-même, ou parfois de sa propre substance.

Le parasitisme chez les plantes s'exerce surtout aux dépens d'autres plantes.

Les unes attaquent leurs victimes à l'extérieur, et se fixent soit sur leurs racines

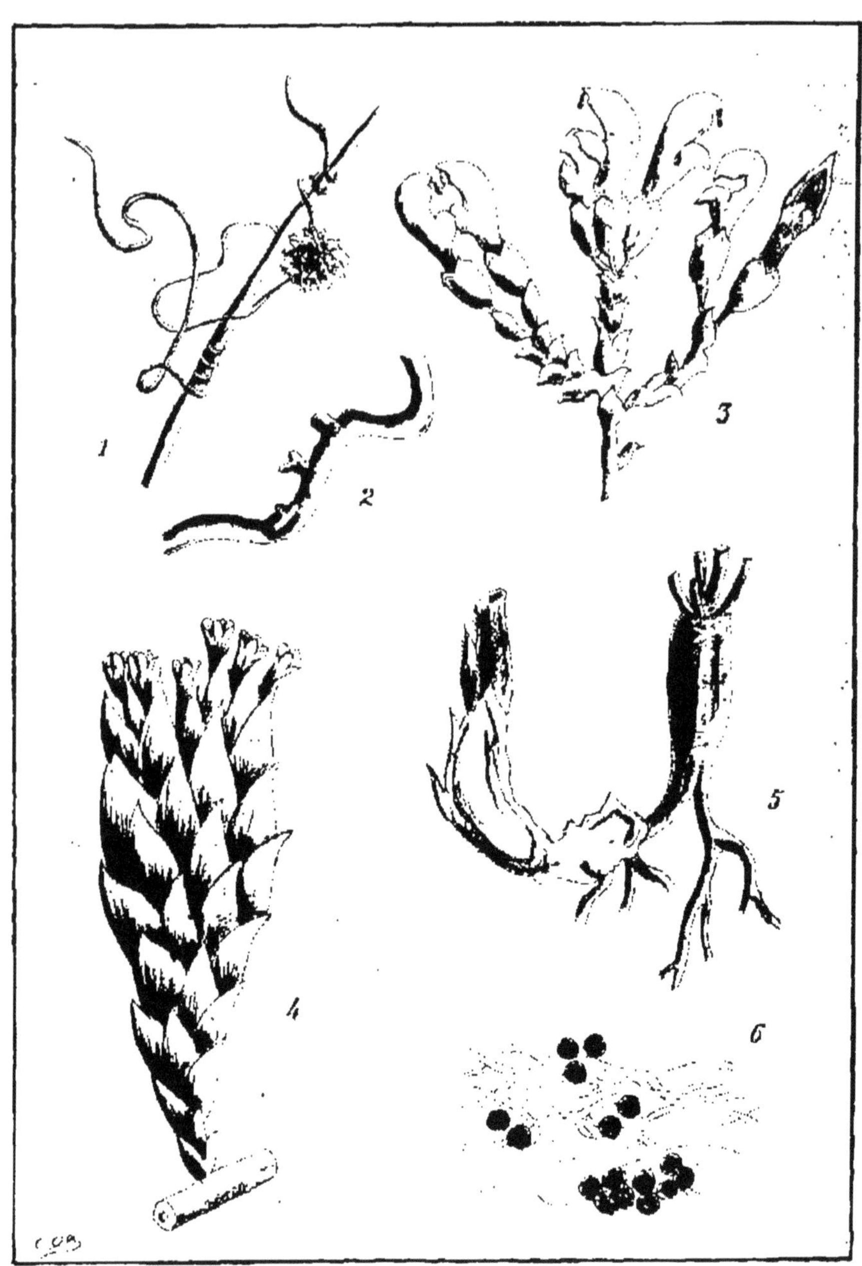

PARASITISME ET SYMBIOTISME.

1. Cuscute. — 2. Crampons de la cuscute (grossis). — 3. Clandestina rectiflora. — 4. Cytinus. — 5. Orobanche implantée sur une racine hospitalière (en coupe). — 6. Alliance d'une algue et d'un champignon dans le tissu d'un lichen.

(*cytinus, monotropa,* orobanches, *lathræa*), soit sur leurs tiges (*cuscute, gui*), soit sur leurs feuilles (*erysiphe*). Les autres végètent plus ou moins à l'intérieur des tissus, qu'elles attaquent vivants ou mourants.

Les parasites des racines ont des modes d'adhérence différents. Il y en a qui se fixent par un seul point : tels quelques orobanches, et ces curieux *Rafflesia* de Java et de Sumatra, dont les fleurs énormes, qui mettent plusieurs mois à croître et atteignent le poids de 5 à 6 kilogrammes, sortent de terre semblables à de colossales têtes de choux, charnues et colorées comme des champignons.

D'autres, comme certaines orobanches, produisent à côté de leur racine parasite des racines accessoires qui puisent les éléments nutritifs du sol. Celles-là n'ont peut-être qu'un parasitisme temporaire, et vivent librement dès que leur réseau de racines accessoires s'est suffisamment développé.

Le *Lathræa squamaria,* au contraire, multiplie avec une manifeste indiscrétion les bouches par lesquelles il s'empare d'une nourriture qui ne lui est point légitimement destinée.

Fixé par la partie inférieure de sa tige à la racine de la plante nourricière, il produit latéralement de fins câbles terminés par des suçoirs, qui s'implantent dans la racine hospitalière.

Les cuscutes, semblables à des paquets de grêles cordons colorés, et qui parasitent les tiges de la vigne, du trèfle, de la luzerne, du lin, du thym, ont des suçoirs qui pénètrent dans le tissu de la victime et en absorbent les substances nutritives.

La graine du gui émet en germant une radicule qui se glisse, à travers l'écorce, dans la partie ligneuse des arbres, et s'y greffe intimement.

La plupart des plantes parasites appartenant aux familles supérieures offrent entre elles des traits étroits de parenté, manifestée par une coloration jaunâtre ou rougeâtre des différentes parties et par l'absence de feuilles, ces organes étant remplacés par de très petites écailles colorées. Le gui, avec ses grands appendices plans semblables à des feuilles charnues, fait exception à cette physionomie.

Il est en général facile de rattacher ces plantes parasites supérieures aux familles auxquelles elles sont alliées.

C'est ainsi que les *Orobanches* se révèlent évidemment comme de proches parentes des *Scrofulariées,* dont elles ont l'organisation florale, et dont elles représentent l'adaptation, l'appropriation à la vie parasitaire.

Dans ce cas particulier, la parenté s'affirme encore par le fait qu'il y a dans la famille des vraies Scrofulariées des espèces comme les Mélampyres, les Rhinanthes, ces fléaux des prairies naturelles, qui sont astreintes à vivre en partie aux dépens des autres plantes, avec les racines desquelles elles contractent des adhérences intéressées.

« RAFFLESIA »

Celles-là, n'étant qu'à demi parasites, ont encore des feuilles bien développées; mais leur nuance d'un vert décoloré indique bien la faiblesse de leur fonction chlorophyllienne et trahit l'obligation où elles sont d'emprunter à autrui une partie de leur nourriture.

Elles font le passage évident entre les Scrofulariées bien nettement autonomes et les Orobanches où le parasitisme est le mode de vie normal et exclusif. Passage qui est seulement un des nombreux exemples de ces liens de formes et de fonctions que le Créateur a établis entre les êtres vivants pour les grouper en un ensemble ordonné et dont la merveilleuse harmonie n'est rompue par aucune discordance.

De même nous voyons chez les Orchidées quelques espèces (comme la *Néottie nid-d'oiseau,* le *Limodorum*) condamnées par le défaut de fonction chlorophyllienne à la vie parasitaire, revêtir, grâce à l'absence des feuilles et à une nuance jaunâtre ou violacée, les traits spéciaux qui caractérisent ce mode d'existence, tout en conservant avec leurs sœurs munies de chlorophylle les liens de parenté compatibles avec le parasitisme.

Un fait biologique assez répandu chez les êtres parasites veut que chacune de leurs espèces ne puisse vivre qu'aux dépens d'une catégorie d'hôtes très limitée et qui, dans de nombreux cas, se réduit même à une seule espèce. C'est ainsi que, parmi les insectes, nous voyons l'anthonome du pommier et la pyrale de la vigne ne s'attaquer respectivement qu'au pommier et à la vigne.

Ce fait biologique est dit la *spécificité parasitaire*. Il s'observe aussi chez les plantes parasites, quoique peut-être dans des limites un peu moins rigoureusement étroites que dans le règne animal.

Ainsi, tandis que nous voyons l'*Orobanche laurina* limiter son parasitisme au *Laurus nobilis*, l'*Orobanche hederæ* au lierre, le *Cytinus hypocistis* aux cistes, d'autres orobanches admettent des hôtes d'essence très différente : tel l'*Orobanche crithmi*, qui peut végéter indifféremment sur des ombellifères (*Crithmum maritimum, Eryngium maritimum*), une rubiacée (*Rubia peregrina*) et une composée (*Carlina corymbosa*).

De même l'*Orobanche minor* parasite sans distinction des composées (*chardons*), des légumineuses (*trèfles*), des rosacées (*pimprenelles*). Le *Phelipæa ramosa*, si préjudiciable aux plantations de chanvre, végète aussi sur le tabac.

Le gui a été trouvé sur un grand nombre

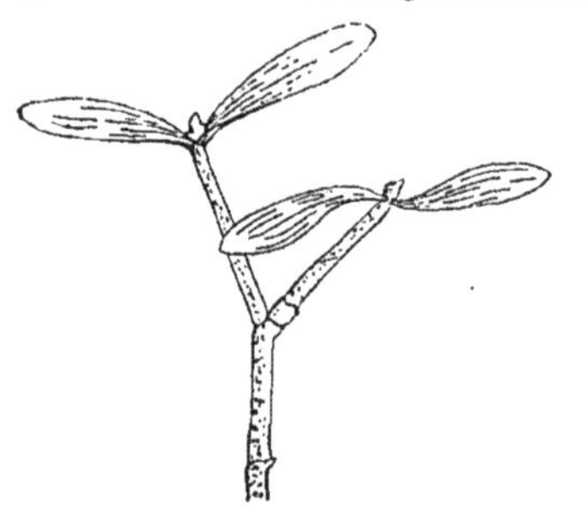

RAMEAU DE GUI

d'espèces d'arbres ; il ne paraît manifester une aversion décidée que pour celles qui produisent un suc laiteux.

Chez les champignons de petite taille qui végètent sur les parties aériennes des plantes vivantes, où ils causent souvent de redoutables maladies, la spécificité parasitaire semble plus constante et plus étroite : là, très souvent, une même espèce de parasite est strictement liée à une même espèce d'hôte.

Une forme de la vie parasitaire est réalisée par le *saprophytisme*, mode d'existence où la plante non chlorophyllée emprunte sa nourriture organique non à des êtres vivants, mais à des cadavres animaux ou végétaux. Une foule de champignons sont dans ce cas : nous les voyons s'emparer des fumiers, des vieux troncs d'arbres pulvérulents, des feuilles mortes que l'automne accumule dans les bois.

Parasites ou saprophytes, les champignons représentent le type de l'être végétal asservi à l'exploitation de la substance d'autrui.

Aussi n'est-il pas étonnant que les plantes à fleurs qui leur empruntent leur mode de vie revêtent aussi en partie leur physionomie, et se signalent par la couleur et l'aspect charnu, au milieu des espèces vertes où elles croissent, avec la même netteté que les champignons polychromes parmi les pelouses des pâturages ou des clairières.

Par une particularité remarquable, et qui ne doit pas être passée sous silence, un certain nombre de parasites végétaux ont la faculté de vivre temporairement à l'état saprophyte, et même à l'état complètement libre.

Ce sont des espèces exposées à n'obtenir qu'avec quelque difficulté la rencontre de l'être vivant qui doit les nourrir, et qui périraient sans le précieux pouvoir qu'elles ont de s'adapter dans une certaine mesure à un autre genre d'existence.

Grâce à leur merveilleuse souplesse biologique, elles échappent ainsi aux chances de destruction totale.

Nous avons vu que les bactéries sont de minuscules êtres végétaux vivant aux dépens des substances organiques ou des corps vivants : plantes, animaux, et l'homme même, sont fréquemment leurs victimes.

Parmi ces bactéries, les unes ne végètent qu'au contact de l'air, les autres seulement hors de ce contact.

Les premières, dites *aérobies*, sont des microbes utiles, auxquels est confiée la mission de transformer les éléments du sol en principes assimilables pour les végétaux supérieurs ; elles reçoivent de la présence de l'oxygène une plus intense impulsion vitale.

Les secondes, au contraire, dites *anaérobies*, fuient l'oxygène comme un irréconciliable ennemi ; il est leur meurtrier, directement ou indirectement.

Sous l'influence de l'activité qu'ils en obtiennent, en effet, les microbes aérobies supplantent rapidement et éliminent les anaérobies. Or, c'est surtout parmi ceux-ci que se rangent ces bactéries néfastes qui, introduites et pullulant dans le sang des animaux, provoquent les maladies contagieuses de nature microbienne : choléra, peste, charbon, tuberculose, etc.

La distinction en aérobies et anaérobies, quoique ordinairement exacte, n'est pas absolument rigoureuse. Il y a, en effet, des anaérobies qui, venant en contact accidentel avec l'oxygène, ne périssent pas nécessairement, et s'accommodent de ces conditions de vie défavorables.

A vrai dire, la faculté d'une semblable accommodation n'est pas accordée gratuitement : c'est un privilège qu'il faut payer par un sacrifice, et l'anaérobie pathogène qui s'adapte à l'oxygène doit en échange se résigner à perdre ses armes malfaisantes et son terrible poison.

Ses générations deviennent de moins en moins virulentes à mesure qu'elles se multiplient en présence de l'air ; et les descendants de l'ancêtre vénéneux qui se plaisait dans le sang de l'homme se contentent modestement de vivre en saprophytes parmi les détritus organiques.

Bien plus, pour conserver leur droit à l'existence, ils se font les auxiliaires de leurs ennemis les aérobies.

Ainsi est établie la possibilité pour une même espèce d'avoir deux modes de vie différents : d'un côté le parasitisme, avec ses plus étroites exigences, de l'autre le saprophytisme, c'est-à-dire l'exploitation de matières animales ou végétales déjà en voie de décomposition, et presque la vie libre.

Depuis assez longtemps déjà on sait que les bactéries pathogènes peuvent se répartir en deux catégories : les unes, peu nombreuses, incapables de vivre ailleurs que dans des hôtes déterminés, et mourant si, quand elles en sortent, elles ne trouvent pas immédiatement une victime d'espèce convenable; les autres, au contraire, aptes à végéter hors des organismes vivants, et pouvant être cultivées dans les laboratoires sur des milieux nutritifs artificiels.

Le microbe du choléra (*spirillum choleræ*), par exemple, ne meurt pas pour passer du corps d'un homme dans la boue d'une ornière, l'eau d'un puits, le suc d'un fruit, la tige d'une plante. Les docteurs Nicati et Rietsch, de Marseille, ont établi qu'il vit plus de quatre-vingts jours dans les eaux sales des ports de mer.

Notre illustre Pasteur, ayant enfoui dans un coin de la ferme de Saint-Germain un cadavre d'animal charbonneux, fit, *quatorze mois* plus tard, l'analyse bactériologique de la terre de la fosse; elle était pleine de bactéries du charbon, qui, bien qu'ayant vécu si longtemps hors de leur milieu normal, n'avaient pas encore perdu leur virulence. Les vers de terre, dans leur travail de fouisseurs, en avaient ramené à la surface.

Les moisissures, dont nous avons déjà parlé, sont des saprophytes qui réclament, pour végéter, la présence d'au moins une certaine proportion d'oxygène; dans ces conditions, elles produisent les filaments et les fructifications poudreuses que tout le monde connaît.

Si l'on diminue expérimentalement la quantité d'oxygène, la moisissure s'adapte, mais change de forme et, au lieu d'émettre des filaments, ne produit plus que de courts articles juxtaposés en séries. Bientôt les séries se rompent, les articles s'isolent et se mettent à bourgeonner.

Les aptitudes vitales se transforment en même temps, et la moisissure privée d'oxygène acquiert la propriété caractéristique des levures, celle de décomposer le glucose, le lévulose ou le sucre interverti en alcool, anhydride carbonique, acide succinique, glycérine.

Voilà la moisissure devenue levure, le champignon saprophyte métamorphosé en ferment.

Un champignon supérieur bien connu, l'agaric de couche (*Psalliota campestris*), s'accommode indifféremment, soit d'un saprophytisme exclusif, soit d'un parasitisme mutualiste.

Le type sauvage de cet agaric se rencontre communément dans les pâtures. Là, son mycélium, c'est-à-dire sa partie filamenteuse qui vit sous terre et est préposée aux fonctions de nutrition, se trouve constamment dans une étroite association avec les racines des graminées.

Ce mycélium ainsi associé est beaucoup moins développé que celui du champignon cultivé sur le fumier, à l'intérieur duquel il forme généralement des amas volumineux de *blanc ;* il se réduit à quelques filaments substitués aux poils radiculaires des graminées, et qu'on ne distingue qu'à l'odeur.

L'association de l'agaric et de la graminée est, au moins en apparence, loyalement consentie pour un bénéfice réciproque. L'agaric profite des matériaux nutritifs élaborés par sa voisine grâce à l'acte chlorophyllien, et, en retour, par l'action dissolvante qu'il exerce sur les substances organiques du sol, il met à la disposition de son associée une plus ample provision d'éléments minéraux propres à être transformés en matières assimilables.

De là, pour l'un et pour l'autre, une plus copieuse nourriture, une plus intense activité vitale.

TYPE SAUVAGE DE L'AGARIC DE COUCHE

Les touffes de graminées associées par leurs racines avec le mycélium de l'agaric se distinguent nettement des autres par leur plus ample développement ainsi que par la teinte sombre de leurs feuilles. On les reconnaît de loin dans les pâtures aux cercles qu'elles dessinent, et qui vont s'élargissant d'année en année.

Ces cercles, que les gens de la campagne nomment *ronds de sorcières,* atteignent parfois un grand développement, jusqu'à 15 mètres de diamètre; leur pourtour comprend deux zones, l'une externe, dans laquelle l'herbe est plus épaisse, plus foncée; l'autre interne, où le gazon mort a revêtu une teinte jaunâtre.

C'est dans la zone externe verte que se montrent les chapeaux de l'agaric, parfois très nombreux; c'est là que le mycélium fonctionne avec activité, exaltant la vitalité des graminées, auxquelles la décomposition des chapeaux fournit encore, d'autre part, d'abondants aliments.

En dernière analyse, la plante verte, malgré le bénéfice temporaire qu'elle reçoit de son association avec son voisin sans chlorophylle, est victime de cette alliance : épuisée par sa trop intense végétation, elle dépérit, jaunit et meurt.

Quant à l'agaric, il est bien évident que sa connexion avec une graminée ne peut être réalisée qu'à l'état sauvage. Cette connexion, il ne la retrouve en aucune manière dans le fumier de cheval où l'homme a réussi à l'acclimater et à le cultiver.

Elle ne représente donc pas pour lui une exigence vitale impérieusement indispensable; il peut s'en passer, et l'existence en association est pour lui facultative.

Cultivé sur le fumier, il y végète exclusivement en saprophyte, aux dépens des déchets organiques de la substance stercoraire; la seule condition de son adaptation à ce nouveau mode d'existence est de produire un mycélium plus abondant, dont les filaments ont une tendance marquée à l'agglomération.

Cette modification de son appareil végétatif suffit à fournir au champignon à l'état de culture le supplément de ration alimentaire qu'il reçoit, à l'état sauvage, de son alliance avec les graminées.

L'exemple que nous venons de donner d'une association à profit réciproque entre un champignon et une plante verte n'est qu'un cas d'un phénomène biologique assez répandu, et que les naturalistes désignent sous le nom de *symbiotisme.*

Si l'on éclaire ce phénomène du flambeau de la philosophie, on est conduit à reconnaître qu'il n'est qu'une modalité du parasitisme, modalité dans laquelle l'individu parasité réagit sur l'individu parasite et exige de lui un travail qui compense le tort qu'il cause.

Ainsi la graminée consent à l'exploitation que l'agaric fait de son énergie chlorophyllienne, mais à la condition que l'agaric l'indemnisera de son côté en mettant son pouvoir digestif au service de la communauté.

Nous allons voir réalisés dans la série végétale quelques autres cas de ce parasitisme spécial, où la victime puise dans l'instinct obscur et merveilleux que le Créateur a mis en elle l'habileté d'exploiter à son tour, en une légitime revendication, son exploiteur.

Chez un certain nombre de plantes, on trouve les racines associées à des filaments ténus et délicats, qui ne sont autre chose que les ramifications du mycélium d'un champignon.

L'association est parfois si parfaite, l'union si intime, que la racine forme avec le mycélium un ensemble harmonique aussi nettement défini qu'un organe normal. Cette fusion étroite entraîne, on le conçoit, une solidarité profonde dans le fonctionnement de l'organisme mixte qu'elle réalise.

Ce genre de formation, qui n'est ni exclusivement une racine ni exclusivement un champignon, tout en participant de l'une et de l'autre, a reçu des naturalistes le nom de *mycorhize*.

Un des exemples les mieux établis de ce mode de symbiotisme qui lie un champignon à une plante supérieure par l'intermédiaire des racines et du mycélium est fourni par la truffe.

Les tubercules de ce précieux champignon, qui, on le sait, se développe entièrement sous terre, sont enveloppés par une sorte de feutre roussâtre, agglomération de filaments venant de tous côtés.

Or, si l'on suit ces filaments jusqu'à leur extrémité, on les trouve en connexion avec les radicelles d'arbres de la famille des *Amentacées*, en particulier du chêne, quelquefois du châtaignier ou d'autres essences.

C'est ce qui explique l'intransigeance avec laquelle la truffe recherche le voisinage de ces arbres.

Une espèce, la « truffe de cerf » *(Elaphomyces)*, dont les tubercules ont la grosseur d'une noix et qui doit son nom à ce que les cerfs en sont très friands, contracte une alliance souterraine non avec des arbres amentacés, mais avec des conifères, comme les pins et les épicéas.

Aussi est-elle répandue dans les forêts épaisses et les montagnes boisées de la Hongrie et de l'Allemagne, où ces essences abondent.

Les mycorhizes sont très fréquents sur les racines de nos diverses espèces forestières : chênes, châtaigniers, noisetiers, aulnes, hêtres. Il n'est pour ainsi dire pas un individu adulte de ces arbres qui n'en présente.

On en trouve aussi, mais plus rarement, sur les racines des pins, des sapins et des saules. Les bruyères, les arbousiers, les rhododendrons et surtout les Orchidées sont à peu près constamment en relation symbiotique avec le mycélium d'un champignon. Semblable association a d'ordinaire pour première conséquence la disparition des poils de la racine, qui chez les plantes tout à fait autonomes ont pour fonction de puiser les aliments dans le milieu nutritif.

Ces poils, devenus inutiles puisqu'un élément étranger intervient pour accomplir le tra-

NODOSITÉS A « RHIZOBIUM »
SUR LES RACINES D'UNE LÉGUMINEUSE (MEDICAGO)

vail qui leur est normalement confié, cessent de se développer et cèdent la place aux filaments mycéliens qui leur sont physiologiquement substitués.

Il a été à peu près impossible jusqu'ici de reconnaître exactement les espèces de champignons dont le mycélium contracte une alliance symbiotique avec des racines vivantes.

La difficulté de la culture des Orchidées, ces superbes plantes aux fleurs si étranges, s'explique par la nécessité où elles sont de végéter en connexion avec un mycélium de champignon.

La famille des Orchidées, à côté de quel-

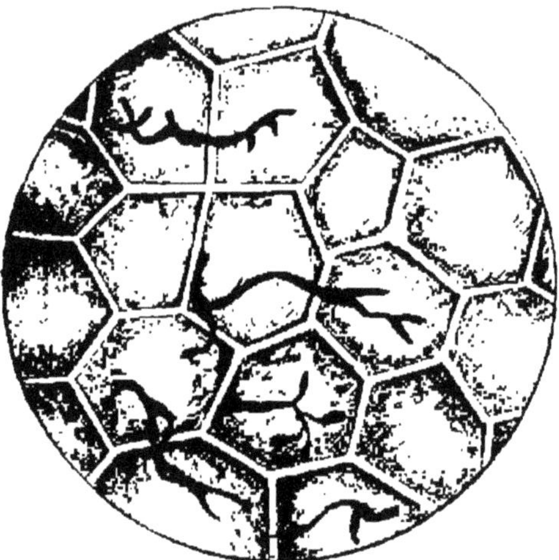

LE « RHIZOBIUM »
DANS LE TISSU D'UNE NODOSITÉ DU POIS
(Grossissement : [illegible] diamètres.)

ques types nettement parasites, renferme un grand nombre d'espèces astreintes au saprophytisme, c'est-à-dire à emprunter la plus notable partie de leur nourriture à des substances organiques en voie de désagrégation.

Le saprophytisme ne s'exerce pas directement, mais par l'intermédiaire d'un champignon.

Si l'on coupe une racine d'orchidée, et qu'on l'examine au microscope, on trouve à l'intérieur de petits pelotons filamenteux enfermés dans les cellules et ne laissant sortir au dehors que de menues fibres mycéliennes.

Dans beaucoup d'espèces, les poils absorbants ont disparu, et la racine de l'orchidée

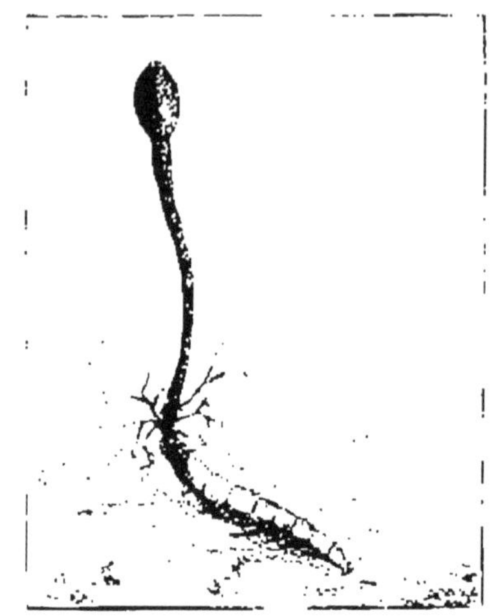

CHAMPIGNONS ENTOMOGÈNES
Torrubia sur une chenille de mouche à scie

ne joue plus qu'un rôle de soutien : toute la nutrition de la plante, ou mieux de la communauté, est livrée au champignon.

C'est lui qui est chargé d'extraire les éléments nutritifs des substances où végète son associée : terre végétale, feuilles mortes, racines décomposées, détritus à la surface des arbres. Il les absorbe, les digère et en cède une part à l'orchidée.

Une conséquence très pratique, au point de vue de la sylviculture, se dégage du fonctionnement des mycorhizes.

Ces productions, en effet, procurent aux essences forestières le bénéfice d'une plus intense vitalité en leur permet-

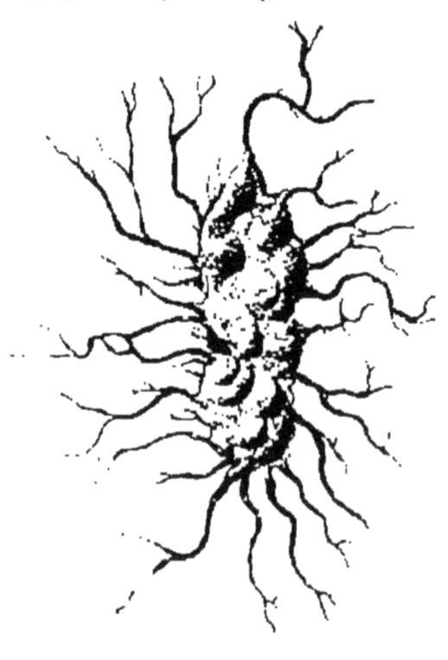

CHAMPIGNONS ENTOMOGÈNES
Larve de hanneton
momifiée par l'*Isaria*.

tant de vivre partiellement en saprophytes. Occupant une place de choix près de la source même des déchets nourriciers qui proviennent du corps des arbres, feuilles tombées et racines mortes, elles rétribuent ce privilège en faisant bénéficier leur associée ligneuse du produit de leur nutrition.

Une opinion récente tendrait à établir que le bénéfice mutuel du contrat symbiotique n'est pas de longue durée, et que finalement la plante verte devient la victime de son alliée sans chlorophylle, et en éprouve du dommage.

Ce qui viendrait à l'appui de notre hypothèse que le symbiotisme n'est qu'une modalité du parasitisme.

Signalons encore, parmi ces phénomènes curieux, l'association mutualiste qui permet aux espèces de la famille des Légumineuses (pois, fève, lentille, et toutes leurs nombreuses parentes) d'obtenir le paradoxal effet d'une *amélioration* des terrains où on les cultive.

On avait remarqué depuis longtemps que, si on laisse dans un champ les racines du trèfle et si on y enfouit sa dernière pousse, on rend au sol une quantité de matière organique plus forte que celle qu'il avait lui-même cédée à la plante.

L'explication de ce fait singulier, révélée seulement dans ces derniers temps, réside dans la présence, sur les racines des légumineuses, de nodosités de volume variable, à l'intérieur desquelles vit un bacille, le *rhizobium leguminosarum*, apte à fixer aux dépens de l'azote atmosphérique des substances azotées.

De ces substances, la légumineuse tire parti; en échange, elle imprime une intensité spéciale à la vitalité du bacille.

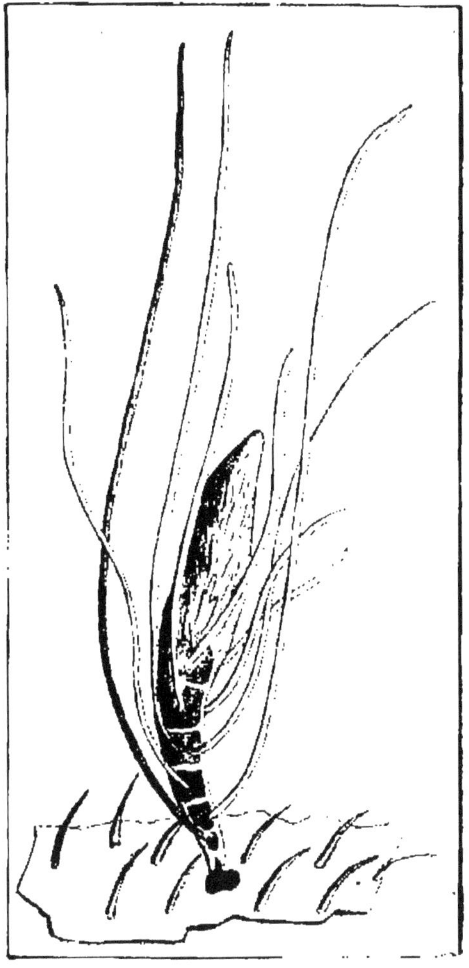

CHAMPIGNONS ENTOMOGÈNES
Laboulbenia parasite d'un coléoptère [illegible] (Très grossi)

Tout un groupe de plantes, les *lichens*, serait réalisé grâce à l'association symbiotique d'algues diverses avec des champignons adaptés à ce mode d'existence. Les algues appelées à contracter cette alliance appartiennent à des familles différentes : *Confervacées, Nostocacées, Protococcées, Palmellées*.

L'algue apporte à la communauté le bénéfice de sa fonction chlorophyllienne, le champignon celui de son aptitude à vivre en saprophyte.

Toutefois, il semble que la clause du bénéfice réciproque ne soit pas toujours scrupuleusement respectée. L'algue, en effet, peut végéter autonome sans le secours de son compagnon, tandis que celui-ci ne peut se passer de l'algue.

Si l'on examine au microscope la coupe d'un lichen, on y voit la partie *algue* sous forme de cellules vertes, fréquemment globuleuses, tandis que la partie *champignon* revêt l'aspect de filaments ramifiés, incolores.

Ne quittons pas ce chapitre des plantes parasites sans signaler le cas curieux des champignons *entomogènes* qui s'implantent sur des insectes encore vivants, y germent, et bientôt font pénétrer dans le corps de leur victime une masse filamenteuse qui en remplit toutes les cavités et transforme la bestiole en une véritable petite momie.

Dans ce duel entre la plante et l'insecte, l'issue n'est jamais douteuse. Toujours il aboutit au triomphe du parasite, qui, après avoir aspiré par ses filaments tous les sucs de sa victime, après en avoir enserré tous les organes dans un réseau meurtrier de plus en plus étroit, étale insolemment sur le cadavre de l'hôte l'efflorescence de sa riche fructification.

Qui n'a vu, à la fin de l'été, les cadavres de la mouche domestique collés au plafond ou au mur, sur un lit de poussière blanche dont les flocons sont dus à un champignon envahisseur, le *Sporendonema muscæ*? De même, le hanneton, à l'état parfait comme à l'état de larve, est attaqué par une moisissure, l'*Isaria densa*.

Les champignons entomogènes vengent le règne végétal des déprédations qu'y portent les insectes, ces redoutables ravageurs qui ont pour eux la force du nombre.

CHAPITRE V

LES MOYENS DE DÉFENSE

Chaque espèce de plante a reçu du Créateur des armes protectrices, offensives ou défensives, des ressources vitales variées, qui lui permettent de lutter, dans la mesure nécessaire à sa perpétuation, contre ses rivaux, ses ennemis, ses exploiteurs, ses parasites.

Parmi ces moyens de défense, il en est qui revêtent un caractère tout particulier d'évidence, d'efficacité, ou qui se présentent sous un aspect curieux très digne de fixer l'attention.

Telle est, par exemple, cette toison de piquants de formes diverses dont sont munies, pour leur plus grand profit, un grand nombre d'espèces, que cette cuirasse rébarbative rend inviolables à leurs agresseurs.

Abrité sous ses innombrables dards, le chardon ne semble-t-il pas ironiquement crier à l'ennemi la fière devise : *Non inultus premor ?* Et la ronce, l'aubépine, le houx, la rose même, ne proclament-elles pas en pur français : « Qui s'y frotte s'y pique » ?

Les plantes à piquants ne se groupent pas dans la même famille botanique; elles sont disséminées parmi le règne végétal, et chacune d'elles partage pour les autres détails la structure de quelque sœur dépourvue d'épines.

Les piquants des plantes se classent en deux

UNE PLANTE BIEN DÉFENDUE
Le *Solanum pyracanthos*, de Madagascar.

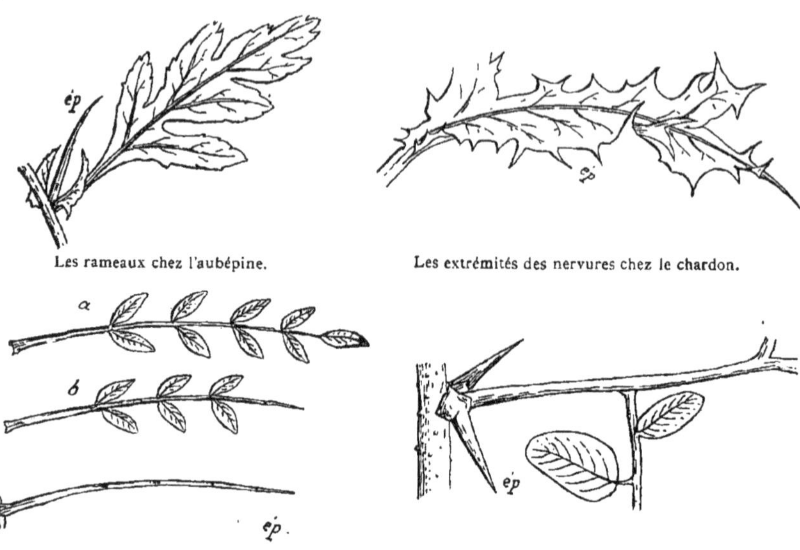

Les rameaux chez l'aubépine. Les extrémités des nervures chez le chardon.

Le pétiole chez l'astragale. Les stipules chez l'acacia.

ORGANES TRANSFORMÉS EN ÉPINES

catégories bien distinctes : les uns sont des *aiguillons*, les autres des *épines*.

Les aiguillons sont tout simplement des épaississements filiformes et pointus de l'épiderme; ils n'adhèrent qu'à la surface et ne pénètrent pas jusqu'au bois. Ils constituent des poils modifiés : opinion d'autant plus légitime que très souvent on les trouve mêlés sur la même partie de la plante à des poils véritables.

Parmi les plantes qui nous sont familières, nous pouvons constater que le rosier, la ronce, le cactus sont merveilleusement protégés par une dense toison d'aiguillons.

Quant aux épines, elles ont une profonde racine dans les tissus extérieurs du végétal et pénètrent jusqu'au bois, de telle manière qu'on ne saurait les enlever sans causer une large blessure.

Elles sont toujours dues à la transformation, à une appropriation aux fonctions défensives d'autres organes importants qui normalement ont une destination différente.

Tous les organes de la plante, ou à peu près, sont susceptibles de se transformer ainsi pour engendrer des épines protectrices.

Chez les *féviers (Gleditschia)*, *l'aubépine*, le *prunier sauvage*, le *cytise épineux*, ce sont les rameaux qui, en grand nombre, se terminent en épines. Dans ces espèces, les épines se forment toujours à la place ordinaire des rameaux, c'est-à-dire dans l'aisselle des feuilles : elles sont parfois branchues et peuvent porter latéralement des feuilles plus ou moins développées.

Fait remarquable et d'une explication facile ; si l'on soumet à la culture dans un sol fertile des arbres qui, croissant sans soins dans une terre aride, s'y chargent d'épines, on voit ces organes défensifs diminuer notablement de nombre; les rameaux, recevant une nourriture meilleure et aussi plus abondante, n'ont plus aucune tendance à dégénérer en épines, et ils accomplissent leur rôle normal, qui est de produire des feuilles et des fleurs.

Dans ce cas, la protection de la plante, devenue moins épineuse, est assurée par la plus intense vitalité qu'elle reçoit de son milieu plus favorable. Ainsi s'établit une évidente compensation.

Le plus communément, la transformation en épines affecte l'une ou l'autre des parties de la feuille.

Chez l'*Astragalus tragacantha*, espèce de a famille des Légumineuses, on voit que les pétiole, ou axe central de la feuille, est dans son jeune âge flexible et normalement porteur de folioles molles et vertes ; à mesure que la saison s'avance, ces folioles tombent, d'abord celles de l'extrémité, puis les autres peu à peu.

Finalement, il ne reste plus que le pétiole, qui, devenu rigide, persiste sous la forme d'une longue et menaçante épine.

Chez le *Robinia pseudo-acacia,* le vulgaire *acacia* de nos promenades et de nos parcs, dont les grappes blanches de fleurs papilionacées répandent dans l'atmosphère immobile du soir de si capiteux parfums, ce sont les stipules, c'est-à-dire les petites folioles de la base des feuilles qui se changent en pointes ligneuses et acérées.

Parfois la formation des épines aux dépens de la feuille ne se fait pas par métamorphose, mais par adaptation, certaines parties de la feuille devenant épineuses sans altérer la forme qu'elles revêtent chez les espèces non épineuses.

C'est le cas, par exemple, du *houx* et aussi des *chardons* de toute espèce, où les feuilles, sans modifier leur configuration générale, se hérissent d'épines simplement par la production de pointes cornées et rigides à l'extrémité de leurs nervures.

Semblable disposition a d'ailleurs pour effet d'amplifier le système défensif en multipliant les dards et en les faisant diverger en tous sens, de telle manière que, de quelque côté qu'il entreprenne ses attaques, l'agresseur trouve devant lui une barrière de pointes.

Ailleurs, la spinescence, sans quitter toujours pour cela la feuille, se transporte à la fleur. Un certain nombre de Composées, dont les chardons, portent autour de leurs fleurs groupées en têtes des couronnes superposées de baïonnettes, qui, de leurs pointes effilées, transpercent parfois et retiennent les insectes qu'y porte un vol étourdi.

La *centaurée chausse-trape,* autre composée, proche parente du bleuet de nos moissons, a ses fleurs défendues par un solide appareil d'épines longues et dures; appareil dont l'existence est d'autant plus remarquable que les autres parties de la plante sont molles et sans le moindre aiguillon.

Chez les labiées du genre *Stachys* (épiaires), ce sont les divisions du calice qui se muent en épines; chez quelques éricinées et byttnériacées, la spinescence affecte les étamines.

D'une manière générale, on peut admettre que la protection de la plante épineuse par ses piquants s'exerce surtout contre ses ennemis du dehors, spécialement contre les animaux qui voudraient la brouter.

Il faut noter en outre que ces piquants, quelle qu'en soit l'origine, servent aussi à l'enchevêtrement des rameaux, de telle manière que la plante épineuse revêt fréquemment une forme en buisson hérissé de toutes parts et très apte à rebuter l'assaillant.

Enfin, pour montrer l'admirable harmonie que le Créateur a fait régner dans la nature vivante, il convient de signaler la généreuse protection que les plantes à piquants, si efficacement défendues elles-mêmes, fournissent aux animaux faibles contre leurs ennemis carnassiers.

Ce rôle altruiste est surtout apparent dans les pays chauds, où abondent les carnivores. Mais, même dans nos climats, on peut voir que les oiseaux, qui, en cas de danger, se sont réfugiés dans un buisson épineux, ne quittent pas volontiers leur abri.

Ils ont apparemment plus de confiance dans la sûreté de cette citadelle que dans la puissance ou la rapidité de leur vol.

On peut rapprocher des aiguillons, au point de vue du résultat défensif, les poils vénéneux des *orties.* Ces poils sont formés d'une cellule épidermique allongée et très aiguë, à l'intérieur de laquelle s'élabore un liquide irritant.

Quand la pointe du poil vient en contact avec un épiderme animal ou avec la peau humaine, elle y pénètre, se brise, et le liquide caustique y pénètre. Nous savons tous par expérience les cuisants effets de cette sournoise inoculation.

La connaissance que nous acquérons à nos dépens de l'irascibilité des orties explique l'instinctive défiance dont bénéficient quelques plantes, parfaitement inoffensives, qui offrent avec elles une ressemblance superficielle.

C'est le cas, par exemple, des *lamiers,* plantes labiées dont les diverses espèces portent des fleurs blanches, roses ou jaunes, au fond desquelles se distille à l'intention des insectes un nectar sucré.

Ces *lamiers* croissent d'ordinaire dans les lieux incultes, sur les décombres, au pied des murs, à la lisière des bosquets. Or, c'est dans les mêmes habitats que se plaît l'ortie aux feuilles chargées de dards empoisonnés.

Les lamiers, qui ne fabriquent point de venin, ont à ce point le facies de l'ortie qu'avant la floraison un œil exercé peut seul les en distinguer, et que le vulgaire les désigne communément sous les noms d'*ortie blanche, ortie rouge, ortie jaune.*

N'est-on pas en droit de penser qu'ils béné-

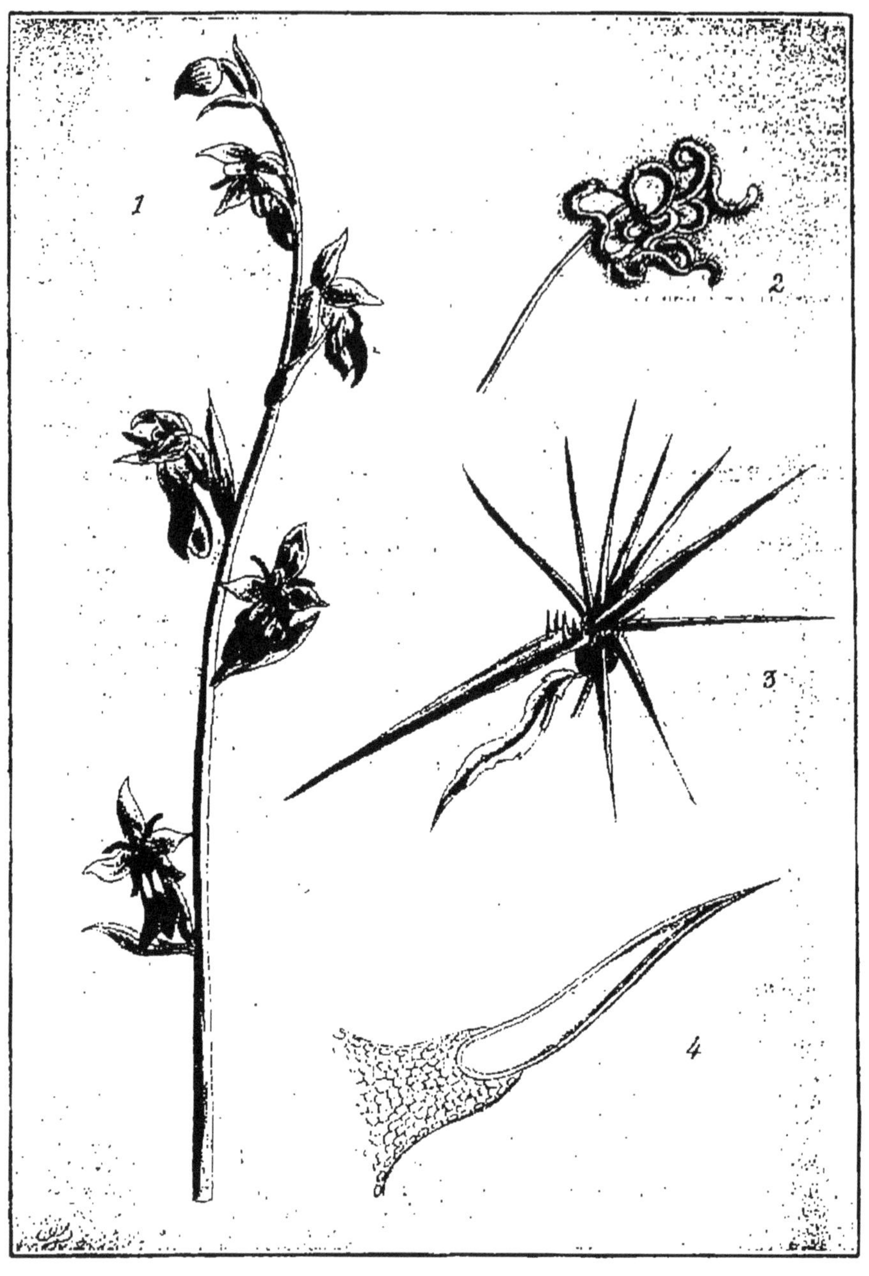

MOYENS DE DÉFENSE

1. Mimétisme (*Ophrys muscifera*). — 2. Mimétisme (fruits de la Scorpiure chenillette).
3. Piquants (épines florales de la Centaurée chausse-trape). — 4. Venin (poil caustique de l'ortie, fortement grossi).

ficient de la crainte justifiée qu'inspire leur redoutable sosie?

Les naturalistes ont désigné sous le nom collectif de *mimétisme*, qui veut dire « imitation », les phénomènes de ressemblance protectrice offerte par certains êtres vivants avec d'autres espèces douées de quelque particularité utile.

Ces phénomènes, qui tantôt ont un but exclusivement défensif, tantôt favorisent simplement l'accomplissement d'une fonction, sont très répandus dans le règne animal, particulièrement chez les insectes.

Un des cas les plus typiques est celui de la *phyllie feuille-sèche*, orthoptère des pays tropicaux, si facile à confondre par la couleur et la forme avec le feuillage qu'il a été possible à des voyageurs naïfs de raconter que, dans certaines contrées, les feuilles des arbres se détachent subitement et se mettent à courir.

Le mimétisme, moins utile aux végétaux, y est aussi plus rare, mais non inconnu cependant. Nous venons d'en voir un exemple offert par les *lamiers*, inoffensives labiées qui simulent la caustique ortie: il y en a d'autres.

C'est chez les Orchidées, fleurs étranges et

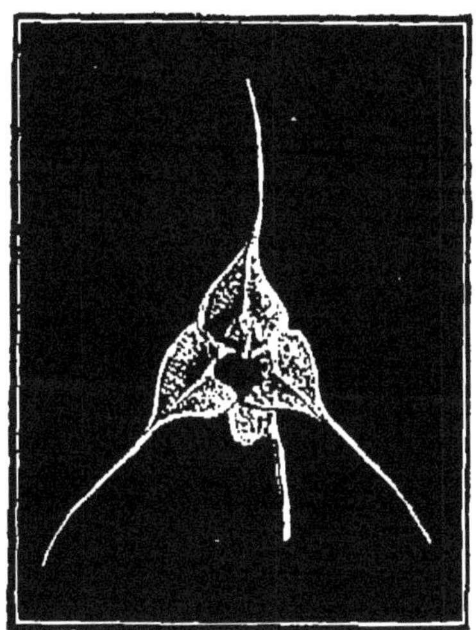

MASDEVALLIA

qui semblent à peine appartenir au domaine de la réalité, que nous en trouvons les plus nombreux cas.

Beaucoup d'entre elles offrent l'image trompeuse, le simulacre de chimériques insectes. Les exotiques *Masdevallia* détiennent à ce point de vue un véritable « record », et leur mimétisme est si parfait qu'il abuse l'œil perçant et soupçonneux des oiseaux.

Les petits becs, induits en erreur, viennent

FLEUR GROSSIE DE L'OPHRYS PORTE-ABEILLE
(*Ophrys apifera*.)

frapper ces bestioles apocryphes. L'oiseau fait ainsi maigre chère, car les pétales d'une orchidée n'offrent aucun aliment à un estomac carnivore; mais il est vraisemblable que les fleurs fortement secouées abandonnent plus facilement leur pollen, sans l'intervention duquel la maturation des graines ne pourrait avoir lieu.

Parmi les espèces indigènes, les *Ophrys*, humbles hôtes des clairières et des pâturages, épanouissent des grappes de fleurs bizarres, dont chacune est construite à l'imitation d'un insecte.

Les unes sont des abeilles, d'autres des bourdons ou des mouches, d'autres encore des araignées. Tout cela si ingénieusement simulé que des naturalistes non prévenus peuvent eux-mêmes s'y laisser prendre. Quel est le botaniste qui, rencontrant pour la première fois l'*Ophrys porte-mouches*, ne s'est point instinctivement écarté dans ce mouvement de défiance qui s'impose tout d'abord à l'égard d'un insecte que l'on ne connaît pas?

Cette ressemblance fallacieuse est obtenue par des moyens d'une merveilleuse économie, par un simple jeu des couleurs et des formes. Si, par exemple, nous nous penchons sur une fleur de l'*Ophrys porte-abeilles*, nous reconnaîtrons qu'un des pétales, le labelle, renflé, dilaté, velouté, bigarré de taches vertes sur un fond de pourpre, simule l'abdomen d'un hyménoptère butineur.

Grâce à la disposition respective des autres pétales, l'ensemble figure un bourdon posé sur une fleur dont il sucerait le nectar. Il n'est pas jusqu'aux appendices latéraux du labelle qui ne complètent l'illusion en représentant les pattes du pseudo-insecte.

L'utilité pour les orchidées du mimétisme floral n'est pas douteuse, encore qu'on ne connaisse pas exactement la nature des services qu'elles retirent de cette particularité. Les uns veulent y voir un signal destiné à éloigner des insectes nuisibles; d'autres, au contraire,

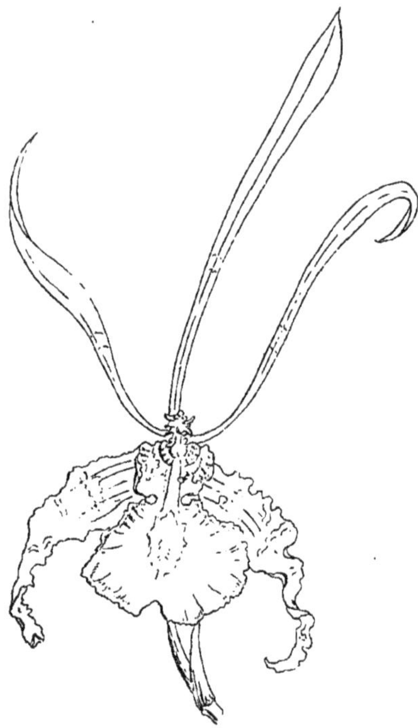

FLEUR D'ORCHIDÉE SIMULANT UN PAPILLON
(*Oncidium papilio*, de l'île de la Trinité.)

une invitation à la venue de ces bestioles, utiles auxiliaires de la dissémination du pollen.

Les *scorpiures* ou chenilles, plantes de la famille des Légumineuses, produisent des gousses cylindriques, allongées, contournées et ornées d'appendices variés, qui réalisent une ressemblance mimétique avec des chenilles.

Fait curieux : les fruits, dans chaque espèce de ce genre, imitent une forme particulière de chenille, les uns étant hérissés de poils, les autres seulement revêtus de tubercules. Mais toujours la simulation est assez étroite pour causer des méprises protectrices, soit qu'elle éloigne des ennemis, soit qu'elle attire des oiseaux qui disperseront utilement les graines contenues dans ces chenilles végétales.

Dans certains pays, on mêle les gousses des scorpiures aux salades, en vue de plaisanteries dont on peut deviner le sel innocent. Singulière utilisation d'une aptitude donnée à la plante en vue de sa plus facile perpétuation.

Il faut ranger parmi les plus remarquables moyens de protection de l'espèce végétale l'existence, chez diverses plantes, de pièges destinés à capturer les insectes ou d'autres bestioles, et à entraver les déprédations de ces animaux si volontiers végétariens, ou à les employer, bon gré mal gré, à une collaboration utile dans la reproduction de la plante.

D'une manière générale, les insectes et les plantes entretiennent des rapports harmoniques qui constituent un des exemples à la fois les plus gracieux et les plus évidents de la mutuelle solidarité dont le Créateur a multiplié les liens entre les êtres vivants.

L'insecte trouve dans la fleur un nectar élaboré uniquement à son intention, et en échange il véhicule, inconscient mais bénévole, le pollen nécessaire à la multiplication de l'espèce nourricière.

Cependant, à ce tableau idyllique, il y a bien quelques ombres. L'insecte, par exemple, ne borne pas toujours sobrement ses appétits au liquide sucré qui lui est destiné, et nous savons quelles légions de ravageurs à six pattes dévorent sans compensation feuilles, tiges, bourgeons, jusqu'aux organes essentiels de la fleur.

Et, d'autre part, des plantes ont reçu la mission de prendre les insectes en masse et de les retenir captifs jusqu'à ce que la mort s'ensuive, dans des appareils obéissant aux mécanismes les plus variés, mais toujours remarquables par la précision et la sûreté de leur fonctionnement.

Il en est même qui poussent l'ingratitude jusqu'à rétribuer par un supplice inexorable des services réels.

Tantôt le piège insecticide est constitué par une feuille modifiée en forme de cornet ou d'urne. C'est le cas des Sarracéniées, des *Nepenthes*, du *Cephalotus*.

La famille des Sarracéniées, formée des genres *Sarracenia*, *Darlingtonia*, *Heliamphora*, se compose de plantes herbacées ayant pour patrie les marécages de l'Amérique septentrionale et tropicale.

Toutes sont remarquables par la grâce de leurs fleurs — et surtout par la forme spéciale de leurs feuilles, dont le pétiole se dilate en une longue cavité tubulaire, ordinairement pleine d'un liquide sécrété par la plante.

Ce tube, réalisé très simplement, est un piège merveilleusement combiné pour attirer les insectes, les retenir prisonniers sans évasion possible et les faire promptement périr.

Dans la plupart des espèces, l'orifice de l'urne est le siège de la sécrétion d'un liquide sucré, d'une sorte de miel. C'est un appât de choix, très propre à solliciter la gourmandise des bestioles butineuses.

Mais voyez, dès qu'elles ont cédé à cet attrait, sur quelle pente fatale elles vont rouler jusqu'à la mort.

Immédiatement au-dessous de la zone nectarifère, la surface interne de l'urne est lisse et polie. Un peu plus bas, elle est garnie de poils réfléchis, sorte de velours rude qui cède aisément sous le poids léger des insectes et leur offre, pour descendre, un chemin commode — tandis qu'il leur oppose, si dans leur effroi ils cherchent à s'enfuir, une infranchissable barrière de dards.

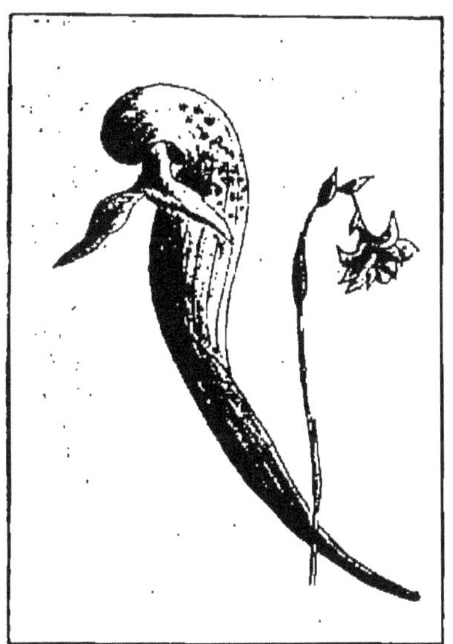

DARLINGTONIA CALIFORNICA

Au-dessous de ce velours, la pente se fait de nouveau lisse et glissante. En vain les bestioles cherchent à s'y accrocher; sur cette surface vernissée leurs ongles n'ont point de prise, et elles tombent dans l'eau accumulée au fond de l'urne, gouffre effrayant où l'asphyxie les attend.

HELIAMPHORA NUTANS

Les perfides urnes pétiolaires se remplissent ainsi souvent jusqu'aux bords de menus cadavres, où sont représentés divers groupes d'insectes, mouches, papillons, hyménoptères, et même d'autres animaux de petite taille, des limaces par exemple.

En outre du caractère décoratif de leur élégance originale qui leur vaut d'être facilement admises dans nos serres, les sarracéniées ont encore le mérite de s'y rendre utiles par la destruction qu'elles opèrent des insectes malfaisants qui y sont introduits en même temps que les plantes exotiques. Les fourmis surtout vont par troupes se noyer dans leurs urnes.

Les *Nepenthes*, bien distincts des sarracéniées au point de vue botanique, et qui se

SARRACÉNIE ROUGE

rapprochent des parasites *Rafflesia*, ont leurs feuilles terminées à l'extrémité par une sorte de cruche renfermant une eau sécrétée par la plante. Cette cruche joue, pour capturer les insectes, le même rôle que les urnes des Sarracéniées et fonctionne d'une manière analogue.

Les népenthès sont des hôtes des terrains marécageux. On en connaît une vingtaine d'espèces : la plupart sont indigènes à Bornéo, Sumatra et dans les îles adjacentes ; quelques-unes habitent l'Asie continentale ; on en trouve une en Chine, une à Ceylan, deux à Madagascar. Parfois leurs ascidies insecticides atteignent des dimensions considérables.

Chez le *Nepenthes rajah*, qui habite Bornéo, les feuilles mesurent une longueur totale de plus d'un mètre ; elles se terminent en une amphore de $0^{m},30$ de long, couronnant un cordon cylindrique de $0^{m},50$, gros comme le doigt.

En raison de leur curieuse structure et de la propriété qu'elles ont de sécréter une eau qui, lorsque les insectes ne la souillent pas, est très bonne à boire, ces plantes sont aux Indes l'objet d'une singulière superstition.

Lorsque les indigènes, après une sécheresse persistante, désirent de la pluie, ils coupent des urnes de népenthès et en répandent le liquide, persuadés que rien ne peut mieux disposer l'eau du ciel à tomber. En revanche, si le beau temps tarde à venir, ils évitent avec soin de toucher aux népenthès, persuadés que l'eau de leurs urnes, versée par maladresse, susciterait des pluies torrentielles.

Pauvres gens ! Mais revenons au rôle insecticide des urnes foliaires. On trouve encore de ces pièges chez le *Cephalotus follicularis*, espèce des marécages australiens, dont la tige très courte produit, parmi des feuilles normales en forme de cuiller, d'autres feuilles organisées en urnes, rebordées à l'orifice et munies d'un couvercle mobile.

Chez d'autres espèces, le piège est encore construit sur le même principe, mais son siège est transporté de la feuille à la fleur.

C'est le cas, par exemple, des *aristoloches*, dont les fleurs offrent à leur partie moyenne un étranglement qui a pour office de retenir les insectes prisonniers. Dans quelques espèces, ainsi chez l'*Aristolochia glauca*, des soies dirigées en bas rendent plus sûre la prison en s'opposant inexorablement à toute tentative d'évasion.

C'est encore le cas des *arum*, belles plantes qui offrent à l'horticulture la ressource de plusieurs espèces décoratives, et dont les fleurs se groupent sur un axe en massue qui s'enferme dans une *spathe*, vaste bractée en cornet.

Cueillez au printemps, avec les précautions que comporte son suc caustique, la spathe florifère de *l'arum maculatum*, le vulgaire « gouet » ou « pied-de-veau » de nos haies et de nos bois, et ouvrez cette spathe.

Vous trouverez à l'intérieur un *spadice*, axe charnu qui porte à sa base plusieurs anneaux de petites sphères, pistils destinés à devenir les fruits, et au-dessus plusieurs anneaux d'étamines où s'élabore la poussière du pollen.

ASCIDIE DE « CEPHALOTUS »

Les groupes de pistils et d'étamines sont surmontés respectivement par un anneau de filaments qui ne sont pas autre chose que des fleurs avortées. Or, ceux de ces filaments qui couronnent les étamines sont dirigés en bas, et viennent s'appuyer contre l'étranglement que forme à cet endroit le cornet de la spathe.

ASCIDIE DE « NEPENTHES »
(Photographie de M. le col nel de Rochas publiée par le *Cosmos*.)

Il résulte de cette disposition une sorte de barrière ou grillage, qui laisse facilement les insectes entrer dans la spathe, mais les empêche absolument d'en sortir. Les fleurs du gouet exhalent une odeur de chair morte qui est de nature à attirer de petits coléoptères ou des mouches; ces bestioles, croyant trouver une proie, pénètrent dans le piège, d'où elles ne sortiront pas vivantes.

Tandis qu'elles s'agitent désespérément sous les étreintes de la faim, elles font, par leurs mouvements, tomber sur les pistils la poussière pollinique. Et ainsi se trouve assurée la multiplication du gouet.

Dans une autre espèce, le « gouet cheveiu », auquel les naturalistes ont imposé le nom significatif d'*Arum muscivorum*, le piège est complété par un velours de soies rudes et dirigées en bas, qui tapisse l'entonnoir de la spathe.

De plus, cette spathe, qui se teint d'une livide couleur de sang caillé, laisse échapper une odeur cadavérique à ce point intense qu'elle abuse les diptères carnivores, les répugnantes « mouches à viande », qui viennent y pondre leurs œufs comme si c'était un cadavre.

Larves et mouches, celles-ci retenues par la barrière de soies, celles-là ne trouvant point à leur naissance leur

FLEUR D'ARISTOLOCHE

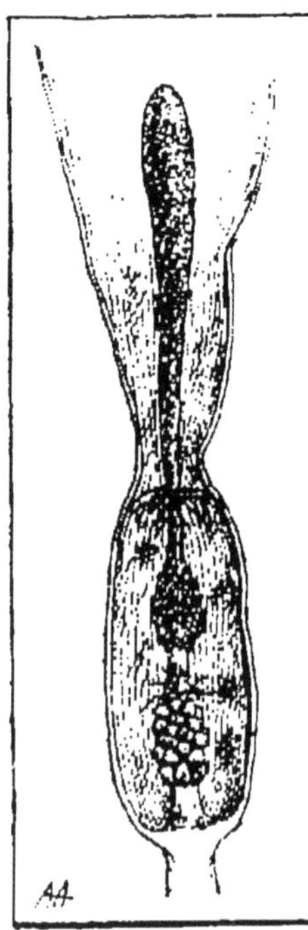

LE PIÈGE DU GOUET

pâture de chair morte, sont également destinées à périr de faim, après avoir assuré la reproduction de leur bourreau.

Combinaison merveilleuse, enchaînement admirable d'appâts et de pièges, depuis cette fallacieuse odeur de cadavre animal que la plante dégage dans un dessein inconscient, mais précis, de son instinct obscur, jusqu'à cette spathe rétrécie en un étroit couloir défendu par une barrière sournoise qui laisse entrer et ne laisse pas sortir! Et tout cela pour que la future graine reçoive le grain de pollen nécessaire à sa maturation.

N'y a-t-il là vraiment qu'un effet du hasard, que le jeu aveugle de forces fatales? Et quel esprit droit peut se refuser à y voir le sceau d'un Créateur infiniment puissant, infiniment intelligent?

De curieuses asclépiadées du cap de Bonne-Espérance, les *Stapelia*, attirent également les mouches par l'odeur cadavérique de leurs fleurs, qui n'offrent aux larves de ces insectes que la mort par la famine.

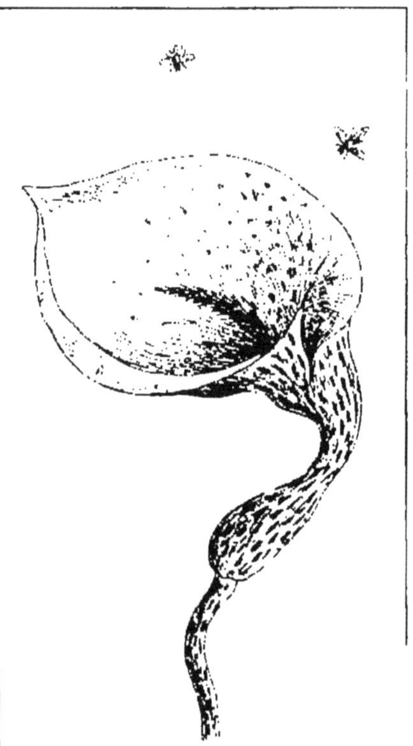

SPATHE DU « GOUET CHEVELU »

Incidemment, et bien que l'exploitation de l'insecte n'y soit pas poussée jusqu'au meurtre, on peut rapprocher du cas de l'*arum* celui de certains champignons attirant par leur odeur ces bestioles, agents efficaces de leur dissémination.

Une curieuse espèce que l'on peut trouver

dans le midi de la France, le *Clathrus cancellatus*, bizarrement organisé en un grillage globuleux, rouge, orangé, jaune ou blanc, mérite à ce point de vue une mention spéciale.

« STAPELIA »

L'odeur répandue par ce clathre est à ce point nauséeuse et répugnante que les dessinateurs chargés de le reproduire ont peine à la supporter assez longtemps pour achever leur travail. Cette odeur émane d'une sorte de gelée visqueuse qui couvre le champignon, et dans laquelle sont immergées les spores, ou corpuscules reproducteurs.

Intolérable à l'homme, elle fait la joie d'insectes aux goûts sans noblesse, dont la trompe ou les larves se délectent de la nauséabonde gelée. Ils arrivent en foule sur le clathre puant, pondent leurs œufs, sucent la matière déliquescente, — et emportent les spores qu'ils iront ensuite disséminer, au hasard de leurs évolutions, en terrain favorable.

Voici encore une autre catégorie de plantes insecticides, où le piège n'est plus une prison, mais un appareil à détente, très sensible et fonctionnant sous l'influence de l'irritabilité.

Le type classique de cette catégorie est fourni par une droséracée des marais de la Caroline du Nord, la « dionée gobe-mouches » (*Dionæa muscipula*), dont les feuilles ont un limbe divisé en deux battants munis d'aiguillons, et qui se referment sur tout insecte assez imprudent pour venir s'y poser.

Dès qu'une bestiole a touché les poils sensibles du limbe, les battants jouent sur leur charnière et la retiennent sans évasion possible jusqu'à ce que tout mouvement ait cessé.

Une orchidée australienne, le *Drakea elastica*, possède un dispositif analogue dans son pétale impair, ou labelle.

Quelques espèces indigènes appartenant à la même famille que la dionée capturent les insectes grâce à une sécrétion visqueuse de leurs feuilles. C'est là le type du piège à glu que nous retrouvons chez d'autres plantes, divers *silènes*, le *Lychnis viscaria*, l'*Ononis natrix*.

Enfin — et ainsi est réalisé un quatrième mode de piège insecticide, — les vastes corolles nageantes des *Nymphaea* (vulgairement nénuphars), des *Nelumbium*, sont des réservoirs d'acide carbonique où les bestioles qui s'y engagent imprudemment trouvent inévitablement l'asphyxie.

Les plantes insecticides tirent-elles, en dehors de la protection de leur espèce et de la défense générale du règne végétal, quelque profit direct de la substance des insectes qu'elles capturent?

Si l'on s'en rapporte aux travaux de quelques savants, comme Darwin, Cramer, Max Reess, Will, la dionée gobe-mouches, les *Drosera* des tourbières européennes, les *Nepenthes*, les

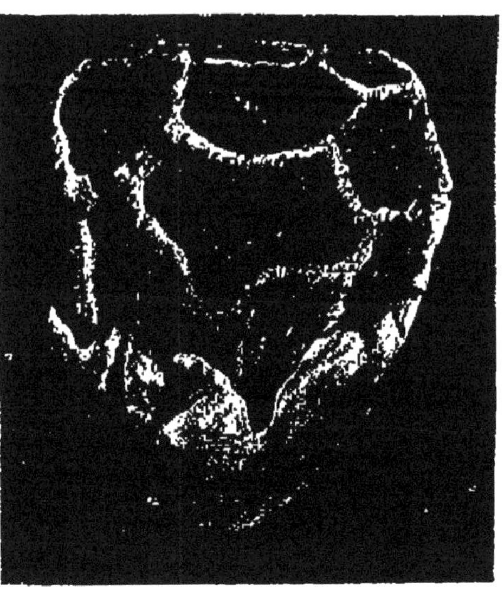

LE « CLATHRUS CANCELLATUS »

Sarracénies, le *Cephalotus* auraient le pouvoir de digérer les petits cadavres de leurs prisonniers, et cela grâce à un ferment très analogue à la pepsine animale, sécrété par les glandes dont sont tapissées les parois de leurs pièges.

Une des ressources défensives le plus communément mises à la disposition des êtres vivants qui n'ont point dans ce but d'appareil spécial, et en même temps la plus simple, est celle du nombre. C'est là une force invincible.

LA DOINÉE GOBE-MOUCHES

Des exemples multipliés rendent évident ce fait que, chez les animaux, les espèces les plus prolifiques sont aussi celles dont les représentants se trouvent exposés, particulièrement dans leur enfance, aux plus fréquentes chances de destruction.

Cette loi, générale pour la série animale, se vérifie aussi pour le règne végétal. Beaucoup de plantes communes, par exemple ces espèces vulgaires qui forment le fond de ce que l'on appelle le *tapis végétal,* les herbes du gazon, les fleurs qui émaillent les pelouses des pâturages ou le sol moussu des bois, ne produisent bien souvent qu'un nombre restreint de graines.

Si cette faible fécondité suffit à maintenir leur abondance, c'est évidemment que la « lutte pour la vie » se montre clémente à leur égard.

FLEUR DE NELUMBIUM

En revanche, d'autres espèces plus ou moins rares, celles qu'on ne trouve çà et là que par petites tribus, qui sont délicates, facilement froissées par les intempéries ou exigeantes sur la qualité du terrain, portent presque toujours des graines en quantité considérable, parfois même en nombre prodigieux.

Il n'est pas douteux que celles-là n'aient à lutter pour se perpétuer contre des obstacles puissants, et leur race serait vite anéantie sans la providentielle disposition qui les a créées si abondamment prolifiques.

Nous verrons un peu plus loin que la dissémination des graines est admirablement assurée par des moyens multiples et divers, toujours combinés pour faciliter l'ensemencement dans le milieu et les conditions les plus favorables.

Cependant, ces moyens seraient insuffisants si chaque espèce ne produisait un nombre de germes plus ou moins supérieur au nombre de ceux qui parviennent à se développer.

L'écart entre les deux chiffres, celui des graines réellement produites et celui des jeunes rejetons qui réussissent à triompher des causes de destruction, est très variable suivant les espèces. Il atteint parfois un taux très élevé, de nature à étonner l'imagination.

A ce point de vue, la famille des Orchidées, qui s'impose déjà à l'attention du botaniste par tant de traits curieux, est particulièrement remarquable.

Ces plantes sont peut-être, de tout le règne végétal, celles qui trouvent le plus difficilement des moyens d'existence, et pour qui la lutte vitale est le plus exceptionnellement dure.

Outre que la beauté étrange de leurs fleurs les désigne à la convoitise de l'homme, qui les cueille pour ses bouquets partout où il les trouve, la nécessité où elles sont de vivre en alliance mutualiste avec des champignons crée à leur pullulation une redoutable entrave.

Aussi sont-elles partout peu communes, et ne saurait-on trop admirer la sagesse du Créateur qui, pour obvier aux inconvénients de leurs exigences biologiques très spéciales, les a douées de la faculté de produire un nombre incalculable de semences.

Voici, pour mettre en lumière l'étendue de cette faculté, quelques chiffres dus aux observations de Darwin.

Ce naturaliste a compté, sur un pied de *Cephalanthera grandiflora*, 24000 graines, réparties dans quatre fruits par files de plus de 80. L'*Orchis mascula*, gracieuse et petite espèce indigène, produit en moyenne par épi une trentaine de fruits, contenant ensemble 190000 graines.

Mais la palme en ce pacifique concours revient sans discussion à quelques espèces exotiques, par exemple à l'*Acropera*, genre du Mexique et de l'Amérique centrale, qui produit par fleur 370000 graines, soit au total 74 millions pour chaque floraison d'un même individu.

Or, la plante fleurit tous les ans, et l'on peut juger par là de la quantité de sujets qui, en peu de temps, représenteraient son espèce si des causes puissantes de destruction ne venaient s'opposer aux conséquences de cette énorme fécondité.

Fritz Müller a compté sur une espèce brésilienne de *Maxillaria* 1756400 graines par fruit; chaque individu portant une douzaine de fruits, le total pour un seul épi s'élève donc à plus de 21 millions de semences.

Les fruits mûrs des *Vanda* laissent échapper leurs innombrables graines sous forme de petits nuages poudreux.

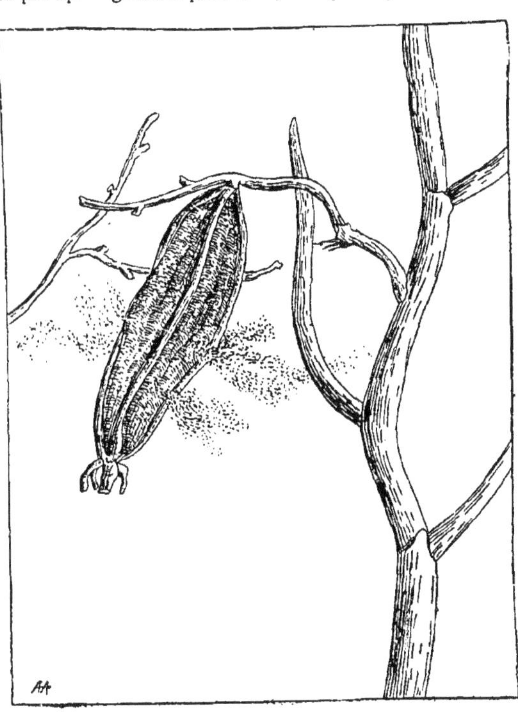

FRUIT DE « VANDA » DISSÉMINANT SES INNOMBRABLES GRAINES

Pour traduire en un exemple concret l'importance de ces chiffres, qui d'eux-mêmes parlent peu à l'imagination, Darwin a eu l'idée de calculer quelle place pourrait tenir sur le globe la descendance d'un seul *Orchis maculata*, en supposant que sa pullulation ne rencontrât aucun obstacle.

A la première génération, la descendance immédiate d'un individu unique de cette espèce couvrirait la superficie d'un acre (40 centiares). A la seconde génération, les petits-enfants de l'individu initial suffiraient à peupler un espace « un peu plus étendu que l'île d'Anglesey »; à la troisième, ses arrière-petits-enfants revêtiraient d'un tapis vert uniforme les 47 cinquantièmes, soit la presque totalité des terres émergées.

Cependant, cette effrayante fécondité ne suffit pas encore à assurer une abondante multiplication des Orchidées, qui ne sont jamais très nombreuses dans les différents lieux qu'elles habitent.

Les difficultés de la vie sont évidemment grandes pour elles, à ce point que le Créateur ne s'est pas borné à leur donner la ressource des semences nombreuses, et a encore ajouté, pour chacun de leurs individus, un moyen de protection qui en assure le salut par un sacrifice provisoire.

Il est remarquable, en effet, que chez les Orchidées les racines, fréquemment en forme de longs cordons cylindriques, s'enchevêtrent en un réseau qui descend profondément en terre.

Ce réseau oppose à quiconque voudrait arracher la plante une résistance d'autant plus grande que souvent il est accompagné

UN CHAMPIGNON PHOSPHORESCENT
(L'agaric de l'olivier.)

de tubercules renflés, insérés à la base de la tige. D'autre part, cette tige, très ferme dans sa partie supérieure, est au contraire fragile et tendre vers le bas, où elle se rompt facilement.

La main qui la cueille laisse donc en terre les tubercules, qui, l'année suivante, régénèrent un nouvel individu.

Ce moyen de conservation individuelle a été donné encore, d'une manière générale, aux plantes bulbeuses, et aussi à quelques espèces à racine filamenteuse, où la fragilité spéciale des tiges empêche l'arrachage des parties souterraines.

En dehors de la famille des Orchidées, on peut citer comme remarquablement prolifiques le *pavot*, qui sur un seul pied porte, d'après Rai, jusqu'à 32 000 graines, et le *tabac*, qui peut en produire 360 000.

Il n'est pas sans intérêt de noter que la multiplicité des graines est obtenue suivant deux modes différents : chez certaines espèces par un nombre restreint de fruits contenant chacun une grande quantité de semences (tel le pavot), et chez d'autres par un nombre élevé de fruits ne produisant séparément que peu de graines (les Ombellifères, par exemple).

A côté des ressources défensives qu'elle trouve dans une fécondité proportionnée aux chances de destruction, l'espèce végétale est encore sauvegardée par une admirable disposition qui veut que toutes les graines issues d'un même individu ne germent pas en même temps, mais au contraire partiellement d'année en année, et cela pendant une durée parfois très longue.

Ainsi s'explique la persistance dans les jardins et les champs des mauvaises herbes, quelque soin qu'on prenne d'en extirper chaque année les individus avant qu'ils n'aient fructifié.

Encore que nous ne puissions définir exactement la nature des services que l'individu végétal peut retirer de cette curieuse propriété, nous croyons qu'il faut ranger parmi les moyens de protection la *phosphorescence* dont sont douées certaines plantes inférieures, par exemple des bactéries et des champignons.

Il est évident que cette aptitude à produire spontanément de la lumière constitue une manifestation spéciale de l'activité physiologique, un phénomène en relation avec un des actes de la nutrition de l'espèce qui la possède.

Mais il n'est pas illogique de penser qu'elle a, pour la vie de cette espèce, une utilité précise, de même que nous lui voyons jouer un rôle dans la biologie animale.

Le bois en décomposition est quelquefois phosphorescent. L'auteur de ces lignes garde le souvenir de certaine couronne lumineuse qu'il se confectionna, un soir de sa jeunesse — il y a bien longtemps de cela, — avec des fragments d'un peuplier mort : couronne dont l'aspect étrange à la fois l'effrayait et flattait son enfantine fanfaronnerie.

Cette luminosité du bois mort est attribuée à la présence du mycélium de quelque champignon phosphorescent.

Dans le midi de la France croît communément par touffes à l'automne, au pied des oliviers, des charmes, des peupliers blancs, des lilas et des yeuses, un champignon à feuillets, l'*Agaricus olearius,* dont le chapeau se nuance de teintes d'un roux doré.

Ce champignon, observé dans l'obscurité nocturne, répand, quand les conditions de chaleur sont favorables, une lumière douce, blanche, tranquille, semblable à celle qu'émet le phosphore dissous dans l'huile.

Quelques espèces exotiques, l'*Agaricus igneus,* d'Amboine, *Agaricus gardneri,* du Brésil, *Agaricus noctilucens,* de Manille, offrent ces mêmes phénomènes lumineux.

Nous savons que le flambeau allumé dans l'ombre par le ver luisant joue un rôle important pour la conservation et la perpétuation de cet insecte. C'est un signal physiologique d'une incontestable utilité. Soyons assurés que le champignon phosphorescent tire aussi quelque avantage de la propriété qu'il a reçue d'engendrer de la lumière.

CHAPITRE VI

LA FLEUR

C'est presque un lieu commun de faire remarquer combien les événements, les choses et les êtres changent d'aspect selon le point de vue auquel on se place pour les envisager.

Le marin maudit la tempête, bondissant comme une bête de proie sur les crêtes des vagues démontées, mais le rêveur, qui, de la côte, et bien à l'abri, observe les énormes nuages roulés par les vents furieux, admire et souhaite voir durer ce grandiose spectacle.

Une perspective immense de plaines et de collines, où s'étagent les moissons et les vignes sous un soleil de feu, est une joie pour l'œil de l'artiste, une souffrance pour le voyageur fatigué, qui voit le terme de sa course reculé derrière un horizon lointain.

De même, la fleur est pour le poète le nid gracieux et suave où l'insecte s'abrite, où l'abeille butine, où boit le papillon, un pastel vivant, un bouquet de couleurs et de parfums, tandis qu'elle représente aux yeux du botaniste le berceau où le fruit naît, se forme, grossit jusqu'à rejeter sans gratitude les enveloppes qui ont protégé sa frêle enfance.

Or, c'est en botanistes que nous devons ici étudier la fleur; et, pour cela, il nous faudra disséquer sans pitié tous ces délicats épanouissements qui semblent n'avoir été faits que pour le plaisir des yeux.

Qu'est-ce que la fleur?

Nous avons vu divers organes, normalement chargés d'une fonction spéciale, des rameaux, des pédoncules, des pétioles, se modifier exceptionnellement chez certaines espèces en vrilles ou en épines.

C'est par une adaptation analogue, au point de vue de la forme comme au point de vue des fonctions, que la fleur se réalise. Le phénomène, ailleurs accidentel, est ici constant; il se produit chez toutes les plantes à fleurs dès que l'individu est arrivé au moment d'obéir à l'intime instinct qui le porte à se multiplier.

Lorsqu'on ouvre un bourgeon d'une espèce quelconque et qu'on en analyse les parties constitutives, on reconnaît aisément que les écailles informes de l'extérieur en recouvrent d'autres mieux dessinées, et que celles-là, à mesure qu'elles sont plus intérieures, revêtent de plus en plus les caractères des véritables feuilles.

Il y a là, pour le botaniste, une *métamorphose;* c'est l'indication, l'ébauche du phénomène que nous allons voir s'étendre, avec une plus grande variété de moyens et une plus évidente intensité d'action, à tous les organes constitutifs de la fleur.

Quand la plante se prépare à fleurir, les jeunes feuilles qui se développent vers l'extrémité des rameaux subissent une remarquable modification.

Leurs dimensions se réduisent, leurs divisions diminuent d'ampleur et de nombre, leur couleur change.

Elles sont ainsi devenues des *bractées*, et les bourgeons qui vont se former dans leur aisselle ne donneront plus, comme les autres, naissance à une branche feuillue, mais à un rameau spécial dont les feuilles, encore plus profondément modifiées que les bractées, forment des anneaux de pièces superposées, ayant chacune un rôle à accomplir dans la fonction de reproduction, et dont l'ensemble harmonique constitue la fleur.

Nous pouvons donc maintenant définir la fleur: un groupement solidaire de feuilles transformées en vue de la multiplication de l'espèce végétale.

La première idée de cette réalisation de la fleur par métamorphose des feuilles est due au poète allemand Gœthe, qui l'exprima dans un opuscule publié en 1790, et traduit en français en 1829 par Gingins, à la demande du botaniste de Candolle.

Sa théorie, vérifiée à sa suite par plusieurs savants très compétents, a pour démonstration directe ce fait d'expérience que parfois la fleur retourne accidentellement à sa forme

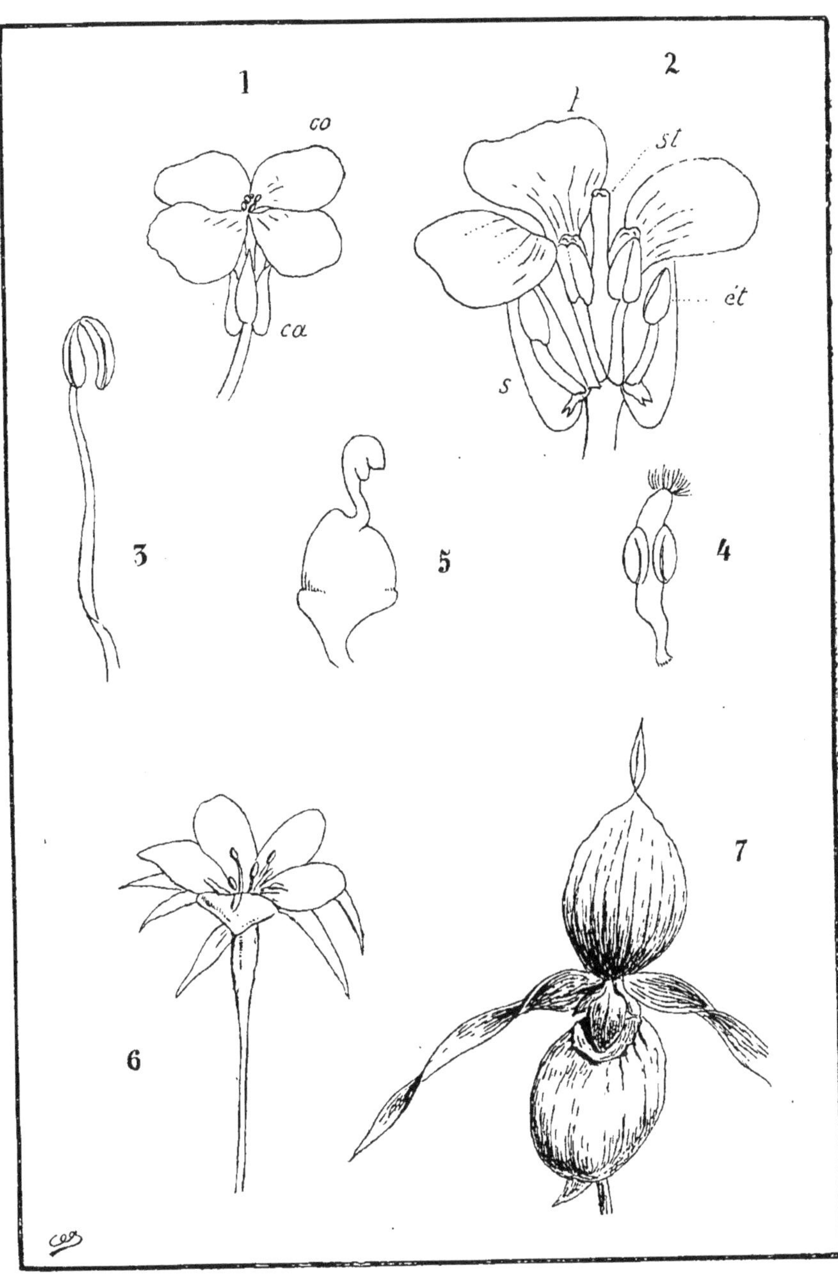

LA FLEUR

1. Fleur de giroflée (*ca*, calice ; *co*, corolle). — 2. La même, coupée et grossie (*s*, sépales ; *p*, pétales ; *ét*, étamines ; *st*, pistil). — 3. Etamine grossie de *Pawlonia*. — 4. Etamine grossie de pervenche. — 5. Pistil grossi de pensée. — 6. Fleur rayonnante de *Sabbatia*. — 7. Fleur bilatérale de *Cypripedium*.

foliaire, et se montre composée de véritables feuilles vertes, disposées comme le sont d'ordinaire dans la même espèce les parties colorées de la fleur normale.

Les plus élémentaires ouvrages de botanique et même simplement le langage vulgaire décomposent la fleur en quatre parties qui sont, en allant de l'extérieur vers l'intérieur :

Le *calice*, formé de dents soudées ou de sépales libres ;

La *corolle*, dont les divisions restent unies entre elles ou forment des pétales séparés ;

Les *étamines*, normalement constituées par un filet supportant une anthère qui développe à l'intérieur de ses loges la poussière du pollen ;

Le *pistil*, appelé à devenir le fruit, et renfermant des ovules qui, en mûrissant, se transforment en graines.

On peut imaginer *a priori* que les organes de la fleur doivent d'autant plus s'éloigner de la forme et de la couleur des feuilles originaires qu'ils sont plus intérieurs. L'observation établit l'exactitude de cette hypothèse logique.

Les sépales du calice, qui inaugurent la métamorphose, offrent encore d'étroites analogies de structure et de fonctions avec les feuilles. Ils sont généralement verts, aptes par conséquent à la fonction chlorophyllienne ; de plus, leur bord est fréquemment découpé, et leurs nervures s'étalent en divergeant comme elles le font dans le tissu de la véritable feuille.

Dans la corolle, les analogies originaires sont déjà moins nettes. Là, le tissu s'est affiné, a revêtu des couleurs éclatantes, que nuance délicatement un réseau de frêles nervures, et les cellules ont acquis la faculté de distiller des substances odorantes.

Mais les pétales sont encore d'ordinaire plans comme des feuilles. Il n'en va plus de même pour les étamines, qui, dans leur forme typique, sont plutôt de configuration cylindrique.

Cependant, il n'est pas exceptionnel de pouvoir observer dans la même fleur le passage du pétale à l'étamine, et réciproquement.

Ainsi, dans les fleurs *semi-doubles*, les étamines sont en partie retournées à la forme de pétales ; dans les fleurs *doubles*, cette régressive métamorphose atteint toutes les étamines sans exception.

Dans les fleurs *pleines*, la contagion de la marche en arrière gagne même l'organe le plus interne, le pistil, et la fleur n'est plus exclusivement composée que de pétales. Cette monstruosité la rend plus belle et lui vaut les sympathies de l'horticulteur ; mais elle expie sa beauté par la stérilité !

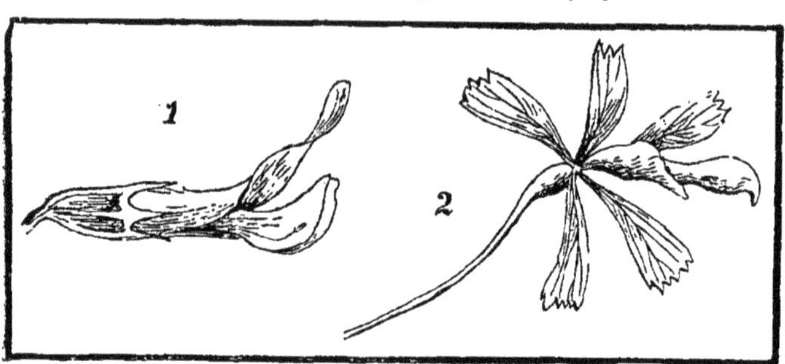

RETOUR D'UNE FLEUR DE TRÈFLE A LA FORME FOLIAIRE
1. La fleur normale. — 2. Fleur à parties transformées en feuilles vertes.

Le pistil, organe central de la fleur, limite le développement de l'axe floral, épuisé par la production de tant d'organes divers. Là, l'origine foliaire est complètement masquée, et ses traces ne peuvent guère être relevées que sur les fleurs monstrueuses que produisent accidentellement diverses espèces sous des influences variées, par exemple sous l'action d'un parasite.

C'est avec un vif plaisir que nous passerions en revue les formes multiples des fleurs dans la série des espèces, les innombrables combinaisons où le Créateur s'est plu à harmoniser les sépales, les pétales, les étamines et les pistils en des groupements d'une richesse d'élégance qu'il est impossible de se lasser d'admirer.

Mais de nombreuses pages ne suffiraient pas à en dresser même le sommaire catalogue. Bornons-nous à signaler que cette diversité d'effets esthétiques est réalisée suivant deux grandes formules générales, la fleur étant dans l'une construite d'après une symétrie rayonnante autour d'un point central, et dans l'autre organisée sur une symétrie bilatérale de part et d'autre d'un plan médian.

La fleur du lis, par exemple, est à symétrie

FLEUR A SYMÉTRIE RAYONNANTE
(Lilium candidum.)

rayonnante; la fleur des orchidées, des labiées, à symétrie bilatérale.

Les fleurs qui offrent les quatre éléments constitutifs que nous venons d'énumérer, calice, corolle, étamines, pistil, sont dites *complètes:* ce sont les plus nombreuses.

Mais il en est d'autres où manquent un ou plusieurs de ces éléments; et sous sa forme la plus simple la fleur peut même être réduite à un seul.

C'est ce qu'on observe, par exemple, chez les *saules*, arbrisseaux bien connus qui, au printemps, fleurissent avant de donner leurs feuilles, et où, suivant les individus, la fleur est constituée exclusivement, soit par un petit nombre d'étamines, soit par un pistil.

Souvent la corolle fait défaut, et, en ce cas, le calice, qui lui est substitué physiologiquement, en prend fréquemment la forme, l'aspect, la couleur. C'est ce qu'il est facile de constater chez les anémones, le populage, la clématite.

Les étamines et le pistil sont les seuls organes indispensables à la constitution de la fleur, les seules parties essentiellement préposées à la fonction de multiplication. Le calice et la corolle ne sont que des éléments accessoires, dont la fleur peut être privée sans cesser d'accomplir son but, encore qu'ils protègent efficacement contre la pluie ou l'agitation trop violente de l'air les étamines et le pistil, toujours fragiles et délicats.

Les fleurs forment la parure de la terre, et on doit penser qu'en leur accordant des couleurs si variées, des aspects si gracieux, Dieu a manifesté une nouvelle preuve de sa bonté à l'égard de l'homme, sa créature privilégiée.

Nul spectacle, en effet, n'est plus propre à satisfaire l'œil, à calmer l'esprit, à élever le cœur, que celui des étendues vertes de la campagne constellées de corolles multicolores, et dont beaucoup encore répandent de suaves parfums.

Mais le Créateur a voulu que ce plaisir que nous offrent les fleurs leur fût rétribué en utilité.

Les couleurs éclatantes dont beaucoup d'entre elles ont été revêtues servent à mieux attirer l'attention des insectes butineurs; ces couleurs, jointes à la forme et à l'odeur, sont comme une enseigne voyante qui signale aux bestioles en quête de nectar l'accueillante hôtellerie, où la table est dressée pour elles.

En retour, les insectes se barbouillent de pollen, et en disséminent utilement la poussière.

On conçoit qu'une fleur réduite à une étamine ou à un ovaire soit très exiguë, et réclame

FLEUR A SYMÉTRIE BILATÉRALE
(Oncidium kramerianum.)

pour être aperçue le secours de la loupe.

C'est le dernier échelon d'une série où les fleurs seraient rangées par taille, et à l'extrémité opposée de laquelle il faudrait en faire figurer d'autres d'un volume si énorme que l'imagination a peine à s'en rendre compte : ainsi, celles du bizarre *Rafflesia arnoldi*, de Sumatra, dont le calice épais et charnu mesure plus d'un mètre de large.

Ce qui, dans la fleur, nous frappe tout

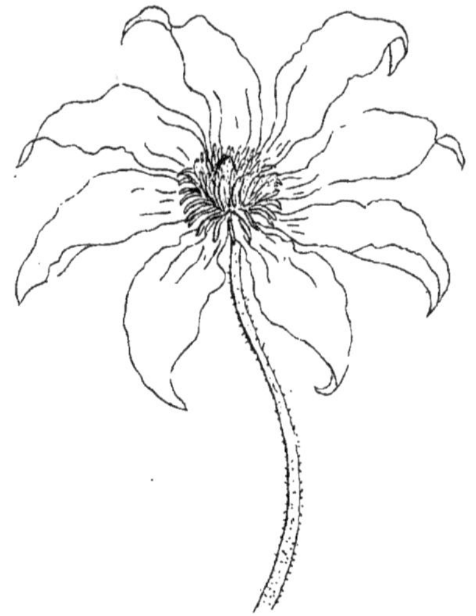

FLEUR DE CLÉMATITE OU LE CALICE EST SUBSTITUÉ A LA COROLLE AVORTÉE

d'abord et séduit notre sens artistique, c'est la couleur, qui tantôt s'étale uniforme sur les pétales, tantôt y dessine des taches, des lignes, des figures variées, dont les linéaments sont à la fois un plaisir pour nos yeux et une utilité pour la plante.

Les couleurs si diverses des fleurs sont dues à de très petits corpuscules différenciés dans leurs cellules, et qui ou bien conservent une forme solide ou bien sont en dissolution dans le suc cellulaire auquel ils communiquent leur nuance.

Le vert, quoique rarement réalisé dans les fleurs, n'y est pas tout à fait inconnu.

Cependant, il est plus particulièrement réservé aux feuilles, et les couleurs le plus fréquemment observées chez les fleurs sont le blanc, le rouge, le jaune, l'orange, le bleu, le violet, le gris, le brun, quelquefois le noir.

Vous avez pu constater l'immense diversité des nuances de ces couleurs dans le tapis floral; elles passent facilement de l'une à l'autre.

Le blanc des pétales n'a jamais sa cause dans la présence d'une matière colorante spéciale : c'est en quelque sorte une couleur négative, due simplement à l'air accumulé entre les cellules, qui sont elles-mêmes incolores. C'est ainsi que les pétales du lis perdent leur blancheur immaculée et deviennent tout à fait translucides si, à l'aide de la machine pneumatique, on aspire l'air contenu dans leurs tissus.

Le noir absolu n'existe guère dans les fleurs; il n'est généralement que du bleu ou du violet très foncé.

Les fleurs grises et brunes doivent leur nuance au mélange dans leurs cellules de corpuscules de diverses couleurs, mélange qui impressionne notre œil d'une teinte uniforme.

Quant aux autres couleurs des fleurs, il est d'usage, à la suite de Schübler et de Franck, de les classer en deux séries : la série *xanthique*, dont le jaune constitue le point culminant, et la série *cyanique*, ayant le bleu à son sommet.

Les couleurs de la série xanthique sont le rouge, l'orange, le jaune, le jaune-vert; les couleurs de la série cyanique, le bleu-vert, le bleu, le violet, le rouge.

On voit que le vert est intermédiaire aux deux séries, et que le rouge figure dans l'une et dans l'autre, se combinant dans chacune avec sa couleur fondamentale, pour constituer respectivement l'orange et le violet.

Par les procédés culturaux, on peut aisément faire passer les unes aux autres les diverses teintes d'une même série, mais le passage de l'une à l'autre est difficile et très exceptionnel. Ainsi la rose, qui est de la série xanthique, peut être obtenue avec toutes les nuances du rouge, du jaune ou de l'orange, mais non avec celles du bleu.

Dans beaucoup de genres, toutes les espèces sans exception offrent des colorations appartenant à la même série; le fait contraire toutefois n'est pas absolument exceptionnel.

Le jaune est dû à une substance pigmentaire, probablement dérivée de la chlorophylle, et que l'on nomme l'*anthoxanthine;* elle s'allie ordinairement à un suc cellulaire coloré en rose ou en violet pour former les différentes teintes du rouge.

Le pigment correspondant qui donne leur coloration aux fleurs bleues est la *cyanine*.

D'après une théorie chimique assez récente, si cette cyanine est en contact avec un suc cellulaire non acide, sa couleur ne s'altère pas, et la fleur est bleue. Si, au contraire, la cyanine est élaborée dans des cellules dont le suc est acide, elle devient rose ou rouge, et ainsi seraient réalisées les fleurs de ces nuances.

Il est intéressant de noter, à l'appui de cette théorie, que certaines fleurs, rouges tandis qu'elles vivent, deviennent bleues, puis vertes après leur mort.

Ce phénomène pourrait être dû à la formation, au cours de la décomposition organique de la substance des pétales, d'une petite quantité d'ammoniaque suffisante à neutraliser le suc cellulaire acide et à le ramener au bleu.

Ces détails paraîtront peut-être un peu techniques; ils sont nécessaires pour montrer comment, sous la complexité et la variété apparentes des phénomènes naturels, se cache toujours une admirable loi de simplicité et d'unité.

Tout récemment, dans une étude sur les couleurs et les odeurs des fleurs, un botaniste espagnol, M. le Dr D. J. Cadevall, a émis l'hypothèse que ces colorations sont sous la dépendance des différentes radiations du spectre solaire, qui provoquent la production d'*anthoxanthine* ou de *cyanine*, suivant que, sous leur influence, les sucs cellulaires deviennent acides ou alcalins.

La moitié supérieure du spectre, formée de rayons plus réfrangibles, favoriserait l'élaboration des corpuscules bleus; l'autre moitié, au contraire, serait favorable aux corpuscules jaunes.

Or, une atmosphère chargée d'impuretés, même ténues, intercepte facilement les radiations supravertes ou chimiques, tandis qu'elle laisse passer les radiations infravertes ou thermiques. De là, la prédominance des fleurs du type bleu dans les milieux limpides, comme les pentes élevées des montagnes, et pendant les clairs mois d'été, — tandis que les plaines et les mois nébuleux du printemps voient surtout s'épanouir des fleurs du type jaune.

Cette hypothèse rend parfaitement compte de l'irréductibilité que manifestent à l'égard l'une de l'autre, d'une manière générale, la série cyanique et la série xanthique.

Elle conduit également à admettre une action de la lumière solaire, si indispensable à la formation du vert chlorophyllien, dans la production des autres couleurs végétales.

L'intervention de la lumière dans ce phénomène est-elle absolument indispensable? Il est certain qu'un assez grand nombre d'espèces peuvent acquérir dans l'obscurité la coloration normale de leurs fleurs : ainsi la *Tulipa gesneriana*, le *Safran printanier*.

Mais, en revanche, chez beaucoup d'autres, la lumière est indispensable à ce même résultat. Ainsi l'*Hyacinthus orientalis*, la *Scilla campanulata*, la *Pulmonaria officinalis*, l'*Orchis ustulata*, cultivés à l'obscurité, ne donnent que des fleurs très pâles ou même tout à fait dépourvues de pigment.

Il est d'ailleurs permis de supposer que, si l'on fait fleurir pendant plusieurs générations dans les ténèbres les descendants d'une même espèce, leurs fleurs perdront à la longue leurs couleurs, et que l'hérédité y fera naître, tant que durera l'influence modificatrice du milieu obscur, le caractère d'une floraison incolore.

Donc, pour revêtir leurs brillantes parures, les fleurs sont, au moins dans une large mesure, sous la dépendance de l'action physique de la lumière du soleil.

Est-ce à dire que l'éclat et la variété des colorations soient en raison directe de l'intensité de cette action? Et faut-il admettre que dans les régions tropicales qui reçoivent de l'astre du jour des rayons plus directs, les espèces à fleurs brillantes seront nécessairement plus nombreuses que sous nos climats tempérés?

Wallace, s'appuyant sur ses remarques personnelles, affirme qu'il n'en est rien, et va même jusqu'à assurer que, proportionnellement au nombre respectif des espèces de plantes dans les zones tropicales et dans les zones tempérées, il y a plus de fleurs à colorations vives dans celles-ci que dans celles-là.

Il y a bien là-bas des coins où le voyageur est ravi et étonné par la profusion des couleurs les plus magnifiques, mais, en général, l'œil n'y rencontre que le vert monotone du feuillage, seulement relevé par quelques fleurs sans mérite spécial.

Les Orchidées elles-mêmes, bijoux végétaux dont l'inimitable beauté fait l'ornement de nos serres, obéissent à cette loi; leurs espèces décoratives n'abondent qu'en un petit nombre d'endroits où elles trouvent pour vivre un exceptionnel concours de circonstances favorables. Ailleurs ne prospèrent que les petites espèces à fleurs modestement colorées et de durée très courte.

Un collecteur expérimenté affirmait un jour à Wallace que sur une montagne de Java où croissent trois cents Orchidées différentes, deux pour cent seulement des espèces sont assez remarquables par leurs couleurs pour mériter d'être récoltées et envoyées en Europe dans un but de spéculation.

Et Wallace conclut que « les pâturages et les rochers des Alpes, les plateaux du Cap de Bonne-Espérance et de l'Australie, les pâturages de l'Amérique du Nord produisent un nombre et une variété de fleurs colorées qui ne sont certainement pas dépassés dans les régions tropicales ».

Si donc, comme il est logique de le penser, la lumière joue un rôle dans la réalisation des couleurs florales, elle borne son action à provoquer l'apparition de ces couleurs dans la proportion et suivant les figures nécessaires au profit que l'espèce elle-même doit en retirer.

Car n'oublions pas que Dieu a donné à la fleur un calice et une corolle pour protéger la fragilité de ses étamines et de son pistil, et s'il a revêtu ces organes défensifs de couleurs agréables à l'œil humain, il n'a pas négligé l'utilité de la plante qui nous offre ce plaisir.

Lorsque la fleur est colorée, son éclat a vraisemblablement une destination attrayante, ayant pour objet l'insecte. C'est à l'adresse de l'insecte que brille au soleil le signal d'argent, de pourpre ou d'azur, qui se détache avec une encourageante netteté sur l'uniforme vert du feuillage.

D'une manière générale, les espèces où l'agitation de l'air intervient seule pour le transport du pollen des étamines sur les pistils n'ont que des fleurs peu brillantes, revêtues de couleurs ternes qui les distinguent à peine de la teinte verte ou jaunissante des feuilles.

C'est ce que l'on peut constater chez les conifères, les graminées, les bouleaux, les peupliers, les saules, les plantains.

Cependant, il y a des fleurs où l'intervention de l'insecte est indispensable pour le transport du pollen, et qui ne sont, en dépit de cette exigence biologique, que faiblement colorées.

Mais, par une admirable compensation, celles-là développent d'ordinaire un parfum très prononcé, apte à se substituer avantageusement aux couleurs absentes pour impressionner les insectes, dont les antennes sont le siège d'un subtil odorat.

Beaucoup de ces fleurs ternes et odorantes ne s'ouvrent qu'après le coucher du soleil, de manière à n'être visitées que par les insectes nocturnes.

Dans le cas où elles sont épanouies pendant le jour, il est assez logique de penser que les couleurs effacées dont elles sont vêtues ont pour effet de ne les point désigner à l'attention des insectes purement ravisseurs, comme les fourmis, qui viendraient se gorger de leur nectar sans leur rendre en retour le service de véhiculer le pollen.

Ce nectar est réservé aux butineurs nocturnes, qui, moins ingrats que les fourmis, savent justement rétribuer le suc délicieux offert à leur gourmandise; aussi le parfum qui en révèle la présence se développe-t-il au début de la nuit, c'est-à-dire à l'heure où les insectes utiles, ayant passé tout le jour dans l'engourdissement, commencent leurs aériennes évolutions.

L'histoire des rapports mutuels des fleurs et des insectes est un des points les plus intéressants de la vie végétale et l'un de ceux qui ont le plus, en ces derniers temps, exercé la sagacité des naturalistes.

A la suite de Darwin, qui joignait à un incontestable talent d'observateur une imagination très féconde, on a même édifié, sur ces rapports de réciproque solidarité, une sorte de roman pittoresque, ayant au moins le défaut de dépasser la réalité, et dont la vraisemblance est parfois moins prouvée qu'ingénieusement séduisante.

Il convient donc, dans ce domaine d'ailleurs très attrayant, de se borner aux faits suffisamment démontrés.

Il est remarquable qu'un grand nombre d'espèces d'insectes limitent leurs visites aux fleurs d'une très petite quantité d'espèces de plantes et évitent toutes les autres.

D'où l'on peut légitimement inférer que seuls la couleur ou le parfum des premières exercent sur leurs sens visuel ou olfactif une impression attractive, et que les secondes distillent sans doute un nectar dont la composition chimique est telle, que les insectes qui les dédaignent en connaissent, par expérience ou par un avertissement instinctif, la nocuité ou le goût désagréable.

Si cette hypothèse est aussi réelle qu'elle est vraisemblable, les couleurs et l'odeur florales d'une espèce déterminée ne formeraient un signal d'appel intelligible que pour les espèces d'insectes auxquelles peut plaire le nectar de la plante considérée; et il est probable que ces insectes sont les plus efficacement adaptés à la dissémination du pollen de cette plante.

Voici quelques exemples de cette relativité spécifique entre les plantes et les insectes. D'après les recherches de H. Müller, l'*Andrena florea* ne visite que les fleurs de la couleuvrée (*Bryonia dioica*), l'*Andrena haltorfiana* se borne exclusivement à la scabieuse des prés, la *Cilissa melanura* à la salicaire, la *Macropis labiata* à la lysimaque, l'*Osmia adunca* à la vipérine.

Sir John Lubbock a fait un certain nombre d'expériences pour mettre en lumière la sensibilité des insectes aux couleurs.

Il disposait, par exemple, sur des morceaux de papier colorés de petites lames de verre enduites de miel, que les abeilles ne tardaient pas à venir sucer. Ces papiers étant ensuite intervertis, les abeilles n'éprouvaient aucune hésitation à retrouver, à quelque place qu'ils fussent rangés, ceux sur lesquels elles avaient fait une première récolte de miel.

Dans certaines espèces, la nécessité d'attirer les insectes par un signal coloré est si impérieuse que tous les organes avoisinant les fleurs participent de leur éclat, de manière à former un ensemble dont le coloris intense tranche vivement sur le feuillage.

Ainsi l'attention des insectes est sollicitée par ce groupement floral qui attend leurs visites, de même que les baies succulentes dont les graines doivent être disséminées par les oiseaux offrent à ces gracieux volatiles la tentation intéressée de leurs couleurs purpurines ou bleues, qui contrastent nettement avec le vert des feuilles.

Tantôt ce sont les pédoncules et les bractées qui, pour acquérir une ressemblance superficielle avec les véritables fleurs, se dilatent et se vêtent des couleurs des pétales.

Tantôt cette utilitaire adaptation florale se fait aux dépens d'une partie des fleurs elles-mêmes. Nous en voyons des cas dans certaines composées, où les languettes des demi-fleurons se chargent, au préjudice de leur fécondité, de l'exclusive fonction d'attirer les insectes, et une humble liliacée de nos champs, le *muscari chevelu*, va nous en fournir un admirable et suggestif exemple.

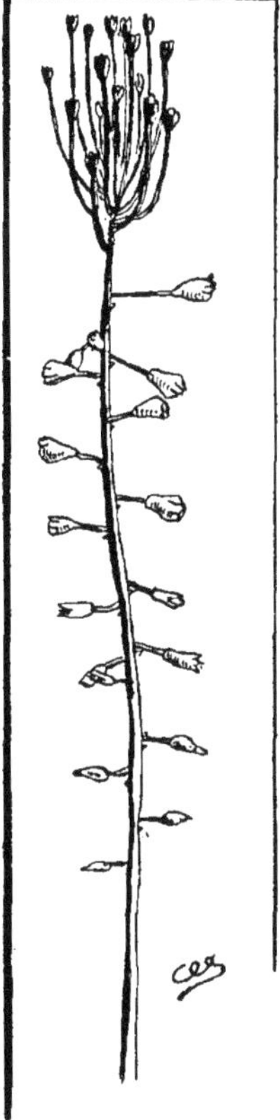

L'AIL A TOUPET
(Muscari comosum.)

Ce muscari, à qui son aspect singulier a valu le nom populaire d' « ail à toupet », croît au commencement de l'été dans les champs calcaires et les pâturages maigres.

C'est une espèce bulbeuse qui, du milieu d'un bouquet de quelques feuilles longues et étroites, émet un pédoncule couronné par une grappe de fleurs assez nombreuses.

Ces fleurs, petites, en grelot, d'un vert terne nuancé de brun livide, sont peu apparentes, et semblent plutôt des fruits mûrs et vides suspendus à une herbe sèche qui n'attend pour se rompre que les premiers souffles du vent d'automne.

Ce sont pourtant des fleurs renfermant étamines et pistil, et auxquelles est utile, pour l'échange du pollen, la visite des insectes. Mais comment leurs couleurs sans éclat attireraient-elles ces auxiliaires?

Voici comment il a plu à la Providence de résoudre le problème. Au-dessus de la grappe de fleurs ternes, mais fertiles, le muscari dresse fièrement une houppe de longs pédicelles, dont chacun se termine par une petite fleur presque avortée, et qui ne développe en elle ni étamines ni pistil.

Tout cet ensemble de pédicelles et de fleurs stériles est revêtu d'une éclatante teinte violette, et forme par conséquent ce signal coloré nécessaire à la plante, et que distingueront les insectes parmi les chaumes jaunissants ou les trèfles fleuris attendant la faucille.

Séduits par ce panache aux reflets d'améthyste, encore que sa promesse de nectar soit menteuse, les insectes qui s'y posent, après avoir cherché en vain le miel qu'ils avaient espéré, descendent aisément aux fleurs livides, où ils trouvent la récompense d'une sécrétion sucrée et l'occasion d'un travail utile.

Il y a d'autres espèces de muscaris qui n'ont point reçu ce privilège d'un panache voyant; mais celles-là ont des fleurs d'un bleu sombre ou tendre, très aptes par conséquent à être aperçues des insectes.

Du muscari à toupet, la culture a tiré une variété monstrueuse d'un aspect pittoresque et étrange, dans laquelle toutes les fleurs sont transformées en houppes violettes et stériles. Il faut voir là une exagération de la tendance qui chez le type sauvage provoque partiellement cette transformation.

DISPOSITION DES TACHES SUR LES FLEURS DE LA FÈVE

Le muscari ainsi modifié a perdu sa fécondité et toute aptitude à se reproduire par graines; et la sollicitude du Créateur, en permettant une pareille anomalie, semble en défaut.

Mais Dieu, qui a laissé la science découvrir laborieusement et progressivement une parcelle des mystères de la création, n'a jamais promis à l'homme qu'il trouverait le pourquoi de toutes choses.

Jouissons de l'aspect esthétique du muscari monstrueux sans trop nous inquiéter de la stérilité de ses fleurs, — stérilité compensée d'ailleurs en partie par le fait que cette plante produit dans sa souche de petits bulbes très propres à la multiplier.

Il semble acquis que le signal coloré offert par les fleurs aux insectes n'est pas fourni seulement par leur nuance foncière, mais aussi par les taches et les bandes foncées dont elles sont ornées.

Ces taches, groupées en dessins variés, auraient pour mission, d'après Sprengel, de servir de guide aux bestioles butineuses dans la recherche des organes sécréteurs de nectar.

L'examen de quelques fleurs recueillies dans la campagne ou dans les jardins montrera qu'elles existent, soit sur toute la surface de la fleur, soit seulement sur un ou plusieurs pétales.

Parfois elles forment un anneau dans le tube de la corolle, ou, dans la fleur à symétrie bilatérale, elles se concentrent sur la partie supérieure ou inférieure, à l'exclusion des côtés où s'étend seule la couleur foncière.

Certaines fleurs non nectarifères, celles des pavots, par exemple, ont de ces taches, qui là sont évidemment inutiles; mais le rôle conducteur des dessins colorés des fleurs est en général évident, et à l'appui de cette hypothèse vient le fait que les taches sont beaucoup plus fréquentes dans les fleurs à symétrie bilatérale dont l'entrée est plus difficile à trouver.

Dans la fleur normale du *Pelargonium*, qui est nectarifère, les deux pétales supérieurs ont à leur base une marque colorée. Darwin a remarqué que si, exceptionnellement, cette fleur est régulièrement rayonnante, elle perd ses taches sombres et en même temps son aptitude à élaborer du nectar.

Donc, si les insectes sont parfaitement capables de trouver le nectar sans les indications des dessins colorés, l'existence de ces dessins facilite cependant leur besogne. Grâce aux taches florales, ils trouvent plus aisément et plus rapidement l'entrée des corolles irrégulières et la cachette où se recèle le butin sucré.

Ils gagnent ainsi du temps. Or, ne doutez pas que, pour l'insecte comme pour nous, le temps ne soit une chose précieuse.

Comme la couleur, mais avec moins de généralité, l'odeur a été donnée aux fleurs dans un but de satisfaction pour l'homme et d'utilité pour la plante.

Il est remarquable que cette odeur se développe plus particulièrement, dans une espèce donnée, au moment de la plus grande activité des insectes qui doivent la visiter.

Le cas du *Silène noctiflore*, observé par sir J. Lubbock, est bien suggestif à ce point de vue.

Dans cette espèce, la vie de la fleur dure trois jours, ou plutôt trois nuits. Le premier soir, au crépuscule, la fleur s'épanouit; elle dégage alors un parfum pénétrant, en même temps que ses pétales s'ouvrent et que cinq de ses dix étamines éclatent et déversent leur pollen.

La fleur demeure en cet état pendant toute la nuit. A l'aurore, l'odeur s'efface, les pétales s'enroulent, les étamines s'affaissent, et tout l'ensemble paraît mort.

Mais, au soir du deuxième jour, la fleur se réveille, s'ouvre de nouveau en répandant encore une odeur intense; ses cinq autres étamines éclatent à leur tour et dégagent leur pollen.

Le troisième jour, au matin, pétales et étamines sont affaissés; mais, le soir, on constate un nouvel épanouissement: le pistil est alors parvenu à maturité, et ses stigmates terminaux occupent la place qu'occupaient la veille les anthères des étamines.

La fleur, si délicieusement odorante sur son rameau, prend peu à peu en se desséchant une senteur de foin.

C'est que le dégagement de son parfum n'est pas un fait physique, mais un phénomène physiologique, dû à l'élaboration d'une matière qui s'exhale au moment même où elle se forme, et dont la production est liée à la vie de l'organe.

Ce phénomène, en tant que fonction vitale, est réglé par l'activité de l'organisme et peut être intermittent.

C'est ce qui explique pourquoi un certain nombre de fleurs sont plus odorantes le soir, ou même ne le sont qu'à ce moment. Tels sont, par exemple, le *Melandrium dioicum*, plusieurs énothères, le *Datura arborea* et surtout les plantes à fleurs d'un brun jaunâtre sombre, comme le *Pelargonium triste*, l'*Hesperis tristis*, le *Gladiolus tristis*.

D'une manière générale, l'obscurité paraît favorable à la production des odeurs florales.

Cette particularité est peut-être due à une accumulation, pendant la végétation diurne, de substances que la fleur transforme en parfums à la faveur de sa végétation nocturne. Il faut aussi observer que le parfum des fleurs peut paraître plus pénétrant le soir, au moins dans une certaine mesure, parce qu'il existe à cette heure calme un état particulier de l'atmosphère favorable au transport de toutes ses odeurs.

Quelle qu'en soit la cause, il est évident que l'exagération nocturne des odeurs florales a pour effet d'attirer les insectes qui choisissent l'obscurité pour se mettre en mouvement.

En général agréables, les odeurs des fleurs, lorsqu'elles sont trop fortes, peuvent être pénibles et même dangereuses. Il en est, comme celles de l'oranger, de la violette et du narcisse, qui affectent les personnes sujettes aux migraines et aux maux de nerfs.

On a affirmé que l'odeur dégagée par les fleurs du *nerium* ou du *mancenillier* pouvaient faire mourir des personnes endormies sous leur influence. A se coucher près d'un champ

LE « MELANDRIUM DIOICUM »

de pavots en fleurs, on court, paraît-il, le risque d'un long engourdissement narcotique.

Les parfums des fleurs sont des produits volatils de composition complexe; ils sont en général altérables par la chaleur, l'eau et l'oxygène de l'air.

Ils comprennent en notable proportion de l'hydrogène carboné, et c'est à cause du dégagement de cet élément qu'il est périlleux de garder dans l'appartement où l'on dort une trop grande quantité de fleurs odoriférantes.

Danger qui s'amplifie encore par le fait que les fleurs, n'étant pas des organes verts, sont privées de la fonction chlorophyllienne, et déversent dans l'air, par le fait de leur respiration, de l'acide carbonique.

Il suffit d'avoir séjourné quelques mois à la campagne pour savoir que les diverses espèces de plantes ne fleurissent pas toutes en même temps.

On observe à ce point de vue de très grandes inégalités, que les botanistes font dépendre de l'influence combinée de la chaleur et de la lumière, de l'altitude, du climat, des aptitudes particulières à chaque espèce.

Mais il est bien évident que ces causes purement matérielles et physiques sont réglées par une bienveillante disposition de la Providence qui, ayant créé les fleurs pour réjouir l'œil de l'homme, a voulu que nulle saison n'en fût totalement privée. Si toutes les plantes fleurissaient en même temps, le tapis végétal serait trop longtemps frustré de sa parure bigarrée.

Les rigueurs mêmes de l'hiver n'empêchent pas de s'épanouir certaines fleurs qui lui sont spéciales : ainsi les perce-neige (*Galanthus* et *Leucoium*), les hellébores (dont la rose-de-Noël), les *Daphne*, qui fleurissent aux mois les plus rudes.

Cependant le froid est en général hostile à la fleur. Dans les contrées où toute l'année la température se maintient tiède et égale, règne comme un printemps perpétuel, et le sol s'y couvre indéfiniment de fleurs sans cesse renouvelées.

Dans nos climats, c'est au printemps que commencent les floraisons : la *primevère*, dont le nom signifie la « première née du printemps », l'humble *violette*, symbole parfumé de la modestie, donnent le signal.

Mais, en mai et en juin, les épanouissements se multiplient : c'est alors sur la terre, dans les champs, les bois, les jardins, une véritable explosion florale. Et le botaniste herborisateur ploie sous les trésors de ses récoltes.

FLEUR PRINTANIÈRE
La primevère.

Puis, à mesure que la saison s'avance, que les beaux jours se font plus rares, le nombre des espèces en fleurs diminue parallèlement.

Les capitules des *asters*, des *chrysanthèmes*, signalent par leur apparition la prochaine venue des frimas, et la floraison du *colchique d'automne*, dont les calices violets, qu'aucune feuille n'accompagne, sortent de terre quand les feuilles jaunes tourbillonnent au vent d'automne, indique que les longues soirées vont commencer.

Parmi les phénomènes floraux dignes encore d'exciter l'intérêt, signalons du moins, ne pouvant tout citer, la déconcertante rapidité avec laquelle s'opère la floraison chez certaines espèces. Une liliacée, l'*Agave americana*, reste, dans les pays chauds où elle est indigène, trois ou

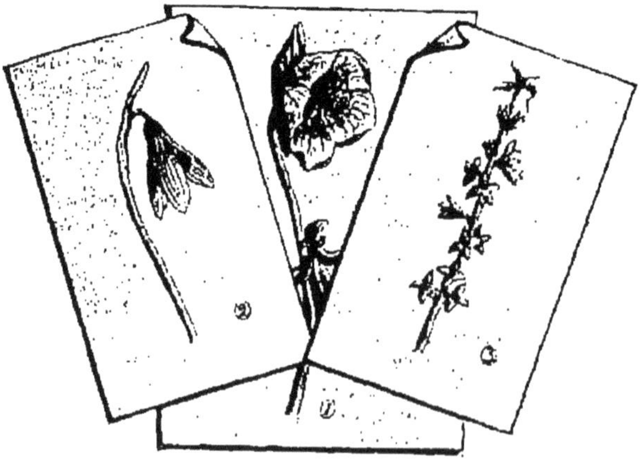

FLEURS HIVERNALES
1. Hellébore rose-de-Noël. — 2. Perce-neige. — 3. *Daphne*.

quatre ans sans fleurir, puis elle émet subitement, en un mois, une tige florifère de 4 à 6 mètres de haut. Dans nos serres, cette plante fait attendre pendant une soixantaine d'années sa floraison, qu'elle opère ensuite avec la même précipitation que dans son pays natal.

Le lis des champs, qui ne travaille ni ne file, qui demain sera jeté au feu, a reçu de Dieu un vêtement plus splendide que celui de Salomon dans toute sa gloire.

Si le Créateur a tant fait pour une fleur éphémère, que ne fera-t-il pas pour l'homme, sa créature de prédilection !

LE COLCHIQUE D'AUTOMNE

CHAPITRE VII

PERPÉTUATION DE L'ESPÈCE

La fleur, nous venons de le voir, est l'ensemble harmonique des organes qui concourent à la multiplication de l'espèce végétale; comment fonctionnent ces organes pour accomplir leur but spécial, voilà ce que nous allons rapidement examiner.

En dernière analyse, la destination essentielle de la fleur est la formation du fruit et la maturation des graines, puisque ce sont ces graines qui, en germant dans des conditions favorables, doivent reproduire l'individu.

Ces deux objectifs solidaires, accroissement du fruit et développement des graines, ne sont atteints — l'expérience quotidienne peut l'apprendre au plus superficiel observateur — qu'autant que sur le pistil d'une fleur seront tombés au moins quelques grains du pollen de la même espèce. C'est le phénomène de la *pollinisation*.

Sans cette collaboration du pollen, la fleur demeure stérile, et les germes qu'elle renferme dans son jeune pistil, au lieu de se transformer en graines, se dessèchent et avortent.

Les anciens connaissaient la nécessité de la pollinisation pour la fécondité de certaines plantes, et Hérodote a décrit les procédés usités en Orient pour secouer sur les branches à pistils des dattiers le pollen des étamines de ces arbres, afin d'y développer des fruits.

Au temps d'Alexandre, les cultivateurs de palmiers savaient qu'il fallait mêler aux pieds qui donnaient des fruits quelques individus stériles (producteurs de pollen).

Pline raconte que les Arabes de son temps allaient couper les palmiers à pollen dans les plantations de leurs ennemis, afin de les affamer. Le botaniste moderne Desfontaines, au cours d'un séjour dans l'Atlas, put se rendre compte que les peuples de cette région avaient conservé de leurs ancêtres cette même habitude de nuire à l'ennemi.

On a souvent vu les nègres forcés dans leurs guerres d'abandonner leurs plantations en extirper seulement en hâte les palmiers à pollen, afin d'empêcher les autres de fructifier et de nourrir ainsi l'envahisseur.

Ce n'est cependant qu'assez récemment que le phénomène a été bien nettement admis par la science, à la suite des travaux et des expériences de botanistes éminents, comme Antoine de Jussieu, Bradley, Linné.

Quelques faits notables aidèrent d'ailleurs ces idées à se répandre. Au XVIIIe siècle, Gleditsch fit une expérience qui obtint quelque célébrité parce qu'elle était alors nouvelle.

Il y avait au jardin botanique de Berlin un palmier (*Chamærops humilis*), dont les fleurs toutes exclusivement à pistils, se flétrissaient toujours sans porter fruit. A Leipzig, en même temps, végétait un autre individu de la même espèce qui, certaines années, produisait des fleurs, toutes à étamines.

Du pollen de cet individu fut récolté et envoyé à Gleditsch dans une lettre; il en soupoudra les pistils du palmier de Berlin qui aussitôt développa des fruits fertiles et donna des graines que l'on put faire germer.

En 1800, la guerre d'Egypte ayant empêché les habitants de ce pays de se procurer dans les déserts des branches de dattier chargées de pollen, comme ils en avaient l'habitude, la récolte des dattes fut nulle.

Entre la date de l'épanouissement des fleurs, et par conséquent de l'émission du pollen, et celle de la parfaite maturité des graines, s'écoule un délai très variable suivant les espèces.

Ce délai est, par exemple, de deux semaines environ pour le *Panicum viride*, l'*Avena pratensis*, d'un mois pour un grand nombre de graminées, de deux mois pour le framboisier, le cerisier, le fraisier; il atteint huit mois pour le colchique d'automne, onze mois pour certains pins, et plus d'un an pour le genévrier, divers chênes d'Amérique, le cèdre.

Un point très important à noter dans ce phénomène de la formation des graines, c'est que fréquemment il ne s'accomplit bien que si le pollen reçu par le pistil est apporté d'une autre fleur.

Si ce pistil ne reçoit que du pollen de sa propre fleur, les graines qu'il développe demeurent volontiers maigres, chétives, très peu aptes à reproduire leur espèce et ne donnant en tous cas que des individus malingres.

Il y a là une loi si souvent obéie que, dans un certain nombre de plantes, la disposition de la fleur est telle que le pollen est rejeté au dehors sans pouvoir atteindre le pistil entouré par les étamines qui le produisent, tandis que ce même pistil est très accessible au pollen venu du dehors.

Chez les Composées — le dahlia en est un exemple, — le pistil est surmonté de deux stigmates couverts extérieurement de poils, et qui, longtemps accolés l'un à l'autre, forment un *pinceau disséminateur* chargé d'écarter les grains de pollen des étamines qui l'entourent.

Chez les Orchidées, les Asclépiadées, la surface stigmatique, dirigée en bas et placée sous les étamines, ne peut être atteinte directement par le pollen de la même fleur.

Dans la violette, c'est la disposition de la corolle qui empêche l'auto-pollinisation. Ailleurs, le pistil étant très long et les étamines très courtes, le pollen ne peut pas venir au contact du stigmate.

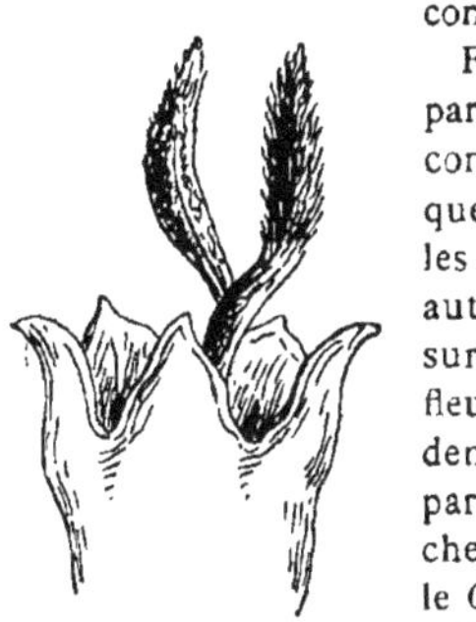

STIGMATES DE DAHLIA
Montrant les poils disséminateurs.

Fait plus curieux : parfois le pollen n'accomplit sa fonction que s'il parvient sur les stigmates d'une autre fleur; tombant sur le pistil de sa fleur productrice, il demeure inactif. Cette particularité s'observe chez une Fumariacée, le *Corydalis cava.*

En règle générale, donc, le pollen doit accomplir, d'une fleur à une autre, des voyages à travers les airs. Il suit dans ces voyages des routes diverses, mais toutes parfaitement sûres.

Tantôt — chez les plantes dites pour cela *anémophiles,* — il s'abandonne simplement au souffle du vent.

Ces espèces anémophiles sont une minorité : on y classe les conifères, les cycadées, les graminées, les cypéracées, les joncacées, les plantaginées, les saules, la pimprenelle.

Le trait physiologique dominant des plantes qui confient au vent le transport de leur poussière pollinique est l'énorme quantité de pollen qu'elles produisent : quantité si considérable que, dans les forêts de pins et de sapins, le sol, au moment de l'épanouissement des étamines, apparaît couvert d'une poudre jaune, comme si on l'avait soufré.

FLEUR ANÉMOPHILE
DE GRAMINÉE

Cette extraordinaire abondance du pollen est ici nécessaire pour que les pistils puissent au moins en recevoir quelques grains, malgré l'extrême dispersion dans l'air de cette poussière végétale.

Il est évident que très peu de ces grains ont chance d'être véhiculés utilement sur les pistils, et que la plupart sont perdus. La profusion de pollen a pour but de remédier à cet inévitable déchet.

Admirons encore ici la sagesse de la Providence.

Le nombre des plantes anémophiles est restreint; mais, en revanche, chacune de leurs espèces est toujours représentée par des quantités considérables d'individus.

On peut en conclure que l'anémophilie constitue une condition vitale défavorable, qui exige, pour que ses effets préjudiciables soient atténués, de puissants moyens de protection compensateurs.

Ces moyens ne manquent pas : longévité des individus (qui chez certaines conifères peut dépasser 1500 ans), abondance extrême du pollen et des semences, dissémination des graines facilitée par des appendices variés qui donnent au vent une prise commode, reproduction surnuméraire par les bulbilles, les rejets souterrains.

Beaucoup plus nombreuses en espèces, mais moins riches en individus, sont les plantes *entomophiles,* chez lesquelles la dissémination du pollen est, en échange de certains avantages, assurée principalement par l'insecte.

Nous avons dit déjà que la plupart des fleurs ont des couleurs et des parfums propres à impressionner la vue et l'odorat des insectes.

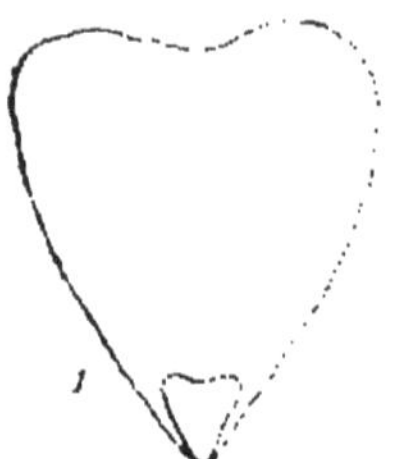

NECTAIRES A LA BASE DES PÉTALES
1. De Renoncule bouton d'or. — 2. De Parnassie.

Évidemment, ces séductions esthétiques ne seraient pas suffisantes à provoquer les visites des laborieuses bestioles, et il faut que sous leur attrait se cache quelque bénéfice plus matériel.

Ce bénéfice est offert sous la forme d'un sirop sucré, d'une sorte de miel, que la corolle sécrète, grâce à des glandes particulières nommées *nectaires*, dans ses mystérieux replis, et toujours en des points où l'insecte ne peut y venir puiser sans se barbouiller de pollen.

Les couleurs et les odeurs ne sont que le signal indiquant aux petits butineurs la présence de l'alléchant nectar, l'enseigne peinte sur l'auberge florale.

Le véritable appât, c'est le nectar. Qui de nous ne s'est amusé, étant enfant, à sucer avec une délectation convaincue le fond de la fleur du jasmin, du lilas, du chèvrefeuille, de l'ortie blanche ou de la primevère, où s'élabore une gouttelette de liquide sucré?

Les parties les plus diverses de la fleur sont, suivant les espèces, affectées à la sécrétion de ce séduisant nectar. Les glandes qui le produisent, ou *nectaires*, se développent tantôt sur le calice, tantôt sur la corolle, à la base des étamines ou dans un sac, une écaille (chez la parnassie, le bouton d'or), une fossette ménagée à la base des lobes de la fleur (chez la fritillaire, par exemple).

L'histoire des rapports mutualistes entre les fleurs et les insectes n'a pu être connue des naturalistes que dans les temps modernes, et après la découverte du rôle important que joue le pollen dans la biologie végétale.

En 1758, l'illustre botaniste Bernard de Jussieu, passant en revue les arbres du Jardin royal des Plantes, où il exerçait les fonctions de professeur, s'aperçut qu'un pistachier, qui jusque-là avait produit des fleurs sans fructifier, se préparait à donner des fruits.

Ce pistachier était un individu ne portant que des fleurs à pistil; il fallait donc supposer que ces fleurs venaient, pour la première fois, de recevoir du pollen de la même espèce. D'où était sorti ce pollen?

Comme il n'y avait pas dans tout le jardin un seul pistachier produisant des étamines, étudiants et professeur firent une battue dans les jardins environnants.

Vaine recherche. Tout en s'affligeant de cet insuccès, le savant professeur continua à affirmer qu'il devait exister quelque part aux alentours un pistachier à étamines, ayant fourni le pollen qui avait fait « nouer » les fruits de l'individu du Jardin des Plantes.

L'idée lui vint alors de confier à quelques agents de police, comme s'il se fût agi d'un

LA FRITILLAIRE

criminel, le *signalement* exact du mystérieux arbuste. Les policiers, munis de ce document, se mirent incontinent en campagne, élargissant peu à peu le cercle de leurs recherches.

Pendant assez longtemps, l'enquête demeura sans résultat. Enfin on découvrit dans un coin de la *Pépinière des Chartreux* (qui devait devenir peu après le jardin botanique de l'Ecole de médecine) un petit pistachier à étamines, lequel avait précisément fleuri cette année-là pour la première fois.

C'était de ce pistachier que venait évidemment le pollen, qui avait accompli dans les airs un long voyage et franchi la lisière du faubourg Saint-Germain, le faubourg Saint-Jacques et le faubourg Saint-Marceau pour arriver au Jardin des Plantes.

Or, il était de la plus extrême invraisemblance qu'une infime quantité de pollen eût pu fournir avec précision un si long trajet sur l'aile seule du vent, de manière à venir tomber exactement sur l'étroite surface offerte par les quelques fleurs du pistachier du Jardin royal.

Il fallut donc admettre la coopération d'un intermédiaire plus direct, et l'on supposa que le pollen avait été véhiculé par des insectes butineurs ayant visité successivement la pépinière des Chartreux et le Jardin des Plantes.

Un des naturalistes qui ont le plus fait pour étendre nos connaissances sur ce point spécial et si intéressant de la vie des plantes est l'allemand Conrad Sprengel.

Avec une patience toute germanique, ce savant zélé passait des journées entières à la campagne, couché au pied d'une plante. Il attendait ainsi, l'œil fixé sur la fleur dont les étamines ne s'étaient pas ouvertes encore. Après une surveillance immobile et silencieuse, qui parfois se prolongeait jusqu'au soir, il avait enfin la satisfaction de voir arriver le messager aérien qui, en buvant le nectar, faisait tomber sur le pistil le pollen des anthères entr'ouvertes.

Les insectes disséminateurs de pollen appartiennent à peu près exclusivement aux trois ordres des lépidoptères (papillons), des diptères (mouches) et des hyménoptères (bourdons, guêpes, abeilles). Ces trois ordres seuls renferment des espèces butineuses.

Les hyménoptères ne recherchent que peu le nectar et mangent le pollen.

Les diptères et surtout les lépidoptères, qui ont une trompe et point de mâchoires, sucent le liquide sucré des nectaires ; ce liquide constitue pour beaucoup de leurs espèces une nourriture exclusive et indispensable, et ces espèces seraient incapables de vivre sans le miel distillé à leur intention par les fleurs.

Nous avons dit que chaque insecte butineur ne recherche qu'un petit nombre de plantes, qu'il reconnaît à l'odeur et à la couleur florales, caractères très fixes et très constants pour une même espèce.

Exceptionnellement, des coléoptères peuvent véhiculer le pollen ; ce sont ceux qui, munis d'ailes suffisamment agiles, ne sont point comme tant de leurs parents attachés au sol, et peuvent chercher dans les fleurs un abri

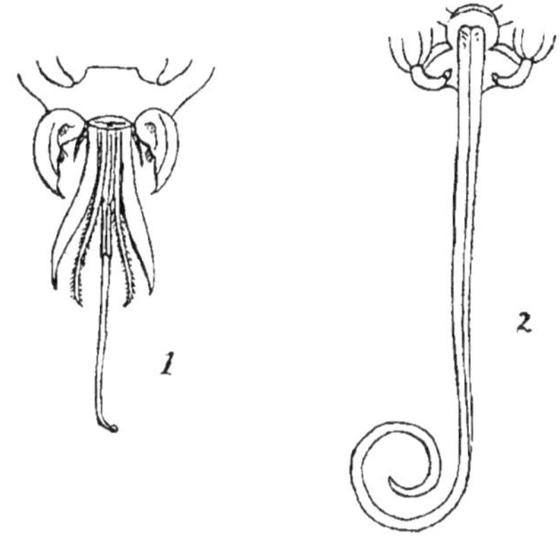

STRUCTURE DE LA BOUCHE D'INSECTES BUTINEURS
1. Abeille (*Xylocopa*). — 2. Papillon (*Sphinx*).

parfumé. Ainsi, des scarabées, des cétoines, des capricornes, tous bons voiliers.

Mais, en règle générale, le mutualisme avec les fleurs n'est pratiqué que par les insectes qui joignent à un vol rapide une bouche plus ou moins conformée en trompe.

Ceux-là mènent une vie essentiellement aérienne, et par leurs couleurs éclatantes et variées se montrent souvent les dignes frères de ces fleurs qui les accueillent si cordialement, après avoir rempli d'un vin fin la coupe de l'hospitalité.

Parfois, le concours de l'insecte pour la pollinisation n'est plus seulement utile, mais presque nécessaire.

Voyez, par exemple, la fleur des Orchidées. L'ovaire y est couronné par une colonne que forme la réunion du style et des filets des étamines; cette colonne se termine à sa face antérieure par une fossette qui est la surface stigmatique, et à son sommet par une anthère à deux loges renfermant un pollen non point

UN COLÉOPTÈRE FLORICOLE
Trichie sur une rose.

pulvérulent, mais agglutiné en masses solides.

En raison de cette structure, le pollen ne peut que très difficilement tomber sur le stigmate, et, trop lourd, il ne donne pas prise au vent. L'intervention de l'insecte est utile au plus haut point : toutes précautions sont prises pour que cette intervention ait lieu, et pour qu'elle soit efficace.

Les petites masses polliniques des orchidées offrent ordinairement à leur base une glande visqueuse, qui leur permet d'adhérer à tout corps venant en contact avec elles. Si ce corps est une trompe d'insecte, alléchée par le nectar sécrété au fond de la fleur, la masse pollinique sera enlevée et aura toute chance d'être portée sur le stigmate d'une autre fleur de la même espèce.

Dans chaque espèce, l'organisation florale est strictement adaptée à la bouche de l'insecte spécialement chargé de la visiter : les orchidées à long éperon désaltèrent, par exemple, les papillons dont la trompe extensible peut se dérouler pour aller tout au fond puiser le nectar.

O merveille! ne cherchez plus la raison de ce cornet grêle qui pend de la fleur de l'orchidée, comme pour faire contrepoids au labelle : ce cornet est l'étui où doit s'engager, dans l'intérêt mutuel de la plante et de l'insecte, la trompe spirale du papillon butineur. Eperon et trompe ont été mesurés au même compas.

En créant l'orchidée, l'Artisan divin songeait à lui donner pour coopérateur un papillon exactement approprié à sa taille. Et pour que le pollen n'allât pas au hasard tomber inutilement sur des stigmates étrangers, le même papillon, guidé par un instinct aussi sûr qu'inconscient, fut héréditairement astreint à ne visiter que les fleurs de la même espèce.

Parfois, pour des raisons qui ne sont pas élucidées, le contrat mutualiste est rompu, au bénéfice exclusif de l'une ou de l'autre des parties.

Francis Darwin, fils de l'auteur de la théorie transformiste, a observé ce fait curieux :

Chez une papilionacée fréquente dans nos bois, le *Lathyrus sylvestris*, le nectar est enfermé dans un tube formé par les étamines soudées si étroitement qu'une abeille ne peut y engager sa trompe. Pour que le nectar puisse être atteint, deux orifices arrondis sont ménagés de part et d'autre de la base du tube des étamines.

L'un de ces orifices, le gauche, est généralement plus grand que l'autre. Or, Francis Darwin a vu des bourdons, au lieu d'engager leur trompe le long du tube, en la faisant glisser entre les pétales, perforer le grand pétale supérieur, *l'étendard*, et cela du côté gauche, de manière à atteindre directement de l'extérieur le plus grand orifice nectarifère.

Le bourdon qui introduit sa trompe par une perforation de l'étendard bénéficie bien du nectar, mais ne s'acquitte point du transport du pollen qu'il devrait accomplir en échange.

De même il y a des plantes qui ne rétribuent point les services qu'elles réclament à l'insecte. Telles certaines Asclépiadées de la République Argentine, dont un savent explorateur, M. Künckel d'Herculais, exposait récemment à l'Académie des sciences la curieuse propriété insecticide.

Au cours d'une mission scientifique, cet habile entomologiste a eu l'occasion de surprendre le mécanisme qui permet aux fleurs des Asclépiadées de capturer les insectes qui, au début de la floraison, visitent leurs glandes à nectar.

Les insectes viennent sans défiance boire le liquide sucré sécrété par ces glandes; mais quand ils veulent dégager leur trompe, une invincible résistance les retient captifs. Malgré leurs efforts désespérés, ils ne parviennent pas à reconquérir leur liberté et meurent d'épuisement et de faim.

Les papillons périssent ainsi en grand nombre, et la vigueur des plus grandes espèces ne suffit pas à les sauver. Des *sphinx* de 12 centimètres d'envergure sont solidement retenus comme les plus exiguës bestioles.

Il faut bien reconnaître que la théorie charmante de l'association mutualiste entre les asclépiadées et les insectes souffre de ces faits quelque atteinte. Si la pollinisation de la plante est facilitée par les efforts des infortunés captifs, ceux-ci n'obtiennent en échange que le supplice de la faim.

Dans quelques espèces exotiques le transport du pollen s'opère par l'intermédiaire du bec ou de la tête d'oiseaux butineurs. Ces oiseaux, qui usurpent ainsi le rôle de l'insecte, sont de petites espèces qui lui ressemblent par le coloris, la grâce, la légèreté; ils sont comme lui amateurs de nectar, et, pour recueillir la précieuse liqueur, ils ont une langue grêle et extensible.

Dans le sud du Brésil, les fleurs des *Abutilon* demeurent stériles si elles ne reçoivent la visite des oiseaux-mouches. Les becs de ces oiseaux sont, comme la trompe des papillons, adaptés à la forme et à la longueur des corolles où ils doivent boire le nectar.

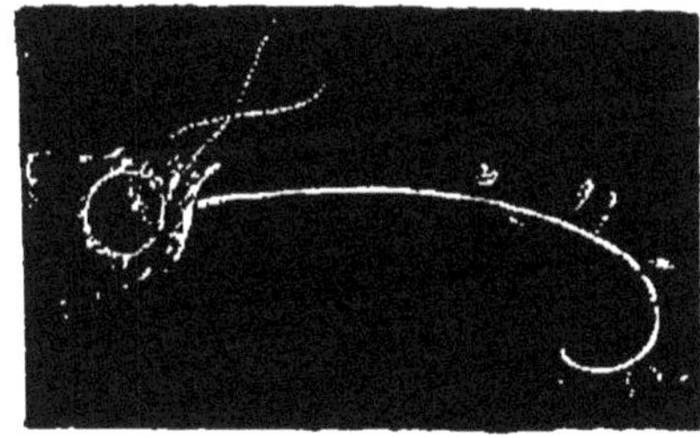

TROMPE DE PAPILLON
CHARGÉE DE POLLEN D'ORCHIDÉE

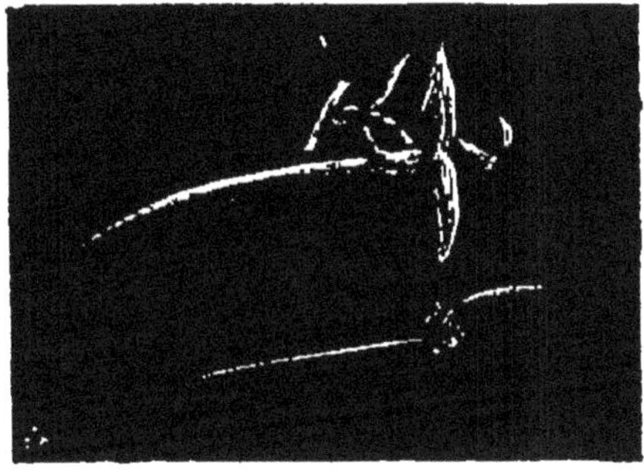

ÉPERON D'ORCHIS ET TROMPE DE PAPILLON

Dans les Cordillières, ils sucent les sauges; dans le Nicaragua, ils colportent le pollen des *Marcgravia* et des *Erythrina;* dans l'Amérique septentrionale, ils butinent sur les balsamines. Au Cap de Bonne-Espérance, ce sont encore des oiseaux, les Nectarinidés, qui assurent la pollinisation des *Strelitzia.*

Un des phénomènes les plus curieux qui accompagnent l'arrivée du pollen sur les pistils est un dégagement de chaleur, indice de transformations chimiques s'accomplissant dans la substance de la fleur.

Cette production de chaleur est, dans certaines espèces, remarquablement intense. Elle a été pour la première fois observée par Lamarck sur un gouët que l'on trouve dans le midi de la France, l'*Arum italicum.* Chez le vulgaire gouët de nos haies (*Arum maculatum*), elle peut atteindre 7° au-dessus de la température ambiante; dans une espèce de l'Ile-de-France, l'*Arum cordifolium,* l'écart entre la chaleur de la fleur au moment de la pollinisation et la température extérieure peut aller jusqu'à 30°.

Ce phénomène s'accompagne d'un plus notable dégagement d'acide carbonique. Exceptionnellement sensible chez les *arum,* on peut penser qu'il se manifeste à des degrés divers chez toutes les plantes au moment où le pollen commence à remplir son rôle. A l'aide d'instruments très sensibles, Saussure a pu constater à la floraison du *Cucurbita melopepo* (*Cucurbitacée*) et du *Bignonia radicans* (*Bignoniacée*) une élévation de température d'un demi-degré.

D'après Murray, l'intensité du dégagement

de chaleur serait liée à la couleur des fleurs.

Quant à la cause de cette particularité digne d'attention, il faudrait la voir dans une transformation chimique, au bénéfice des germes des futures graines enfermés dans l'ovaire, des réserves d'amidon accumulées au début de la floraison dans les pistils, les calices, les pédoncules, les nectaires.

Bien plus, la liqueur sucrée sécrétée par les nectaires pour attirer les insectes proviendrait d'un commencement de transformation de cet amidon, coïncidant avec le moment où la fleur a besoin du pollen pour accomplir sa fonction. Il est certain, par exemple, que les nectaires de l'*Arum italicum*, qui donnent 3 grammes d'amidon avant la pollinisation, n'en fournissent plus que $0^{gr},5$ après que ce phénomène est accompli.

Ainsi ce merveilleux enchaînement d'actes biologiques qui commencent à l'attraction de l'insecte par le sucre des nectaires pour aboutir à la maturation de la graine consécutive à l'action du pollen ne serait que la manifestation complexe et variée d'un même phénomène chimique.

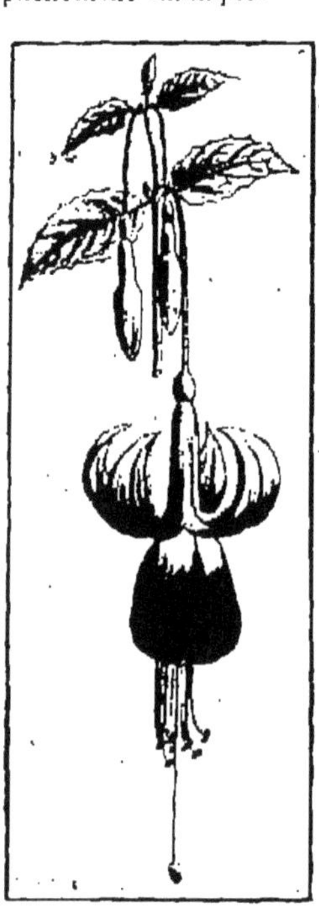

FUCHSIA HYBRIDE

Toujours la création nous offre, à la base des résultats les plus divers et les plus différenciés, la plus admirable simplicité de moyens.

Le vent, les insectes, les oiseaux sont pour le pollen des agents de dissémination inconscients, auxquels l'homme peut substituer son intervention intelligente, soit pour maintenir la pureté héréditaire d'une espèce donnée, soit, au contraire, pour en obtenir des variétés.

Le croisement artificiel pratiqué en portant le pollen d'une plante sur le pistil d'une autre est actuellement — personne ne l'ignore — une opération courante en horticulture.

GRAINE DE LIS EN GERMINATION

c, cotylédon; a, albumen.

Si l'individu qui fournit le pollen et celui qui le reçoit sont du même type, les graines obtenues reproduisent ce type; s'ils sont de formes voisines, mais différentes, il en résulte des produits intermédiaires, des *hybrides*.

La possibilité de l'hybridation est étroitement subordonnée aux lois de la physiologie végétale. Elle exige plusieurs conditions : il faut que les plantes à croiser soient très analogues et appartiennent ordinairement au moins au même genre, et que les étamines manquent normalement ou aient été enlevées sur la fleur qui doit recevoir le pollen.

Ces obligations font que les hybrides spontanés sont rares dans la nature. Ceux que l'on a observés sont en général le produit d'espèces très voisines, appartenant à des groupes qui, en raison de leur structure florale, ont besoin du concours des insectes pour leur pollinisation : orchidées, *ranunculus*, *cirsium*, bouillon-blanc, gentianes, primevères.

Ces hybrides, pour la plupart sans doute inféconds, naissent accidentellement et vivent sans postérité dans les localités où les espèces qui les engendrent croissent côte à côte et abondamment.

Plus nombreux sont les hybrides artificiels obtenus par les horticulteurs; là encore, toutefois, les croisements se font rarement entre des espèces bien distinctes, mais plutôt entre des races diverses du même type, c'est-à-dire, en fin de compte, entre des individus de la même espèce.

D'après un habile observateur, M. G. Smith, la possibilité ou l'impossibilité des hybridations auraient une raison mécanique, résidant dans la forme des grains du pollen.

Le pollen isomorphe, c'est-à-dire de configuration semblable, rendrait le croisement possible; ce croisement serait au contraire irréalisable entre espèces ou variétés à pollen hétéromorphe.

C'est ainsi que le *Fuchsia procumbens*, dont le pollen diffère de celui des autres *Fuchsia* cultivés, ne peut être croisé avec eux, sauf partiellement avec le *F. splendens*, qui offre la particularité d'avoir deux sortes de pollen, les deux tiers des grains présentant le profil des grains du *Fuchsia procumbens*.

De même l'*hétéromorphisme* de leurs pollens éloigne assez la pensée de la violette (bien qu'elles appartiennent toutes deux au même genre *Viola*), pour que les essais d'hybridation entrepris en vue de doter la superbe mais inodore pensée du parfum de sa sœur plus humble soient, suivant l'expression de M. Smith, « sans espoir ».

Après que le pollen a exercé son influence, et quand s'est écoulé le délai fixé pour chaque espèce, la graine mûre se sépare de l'individu qui l'a produite, tombe en terre ou dans son milieu approprié, et germe si elle rencontre des conditions favorables.

La petite plante qu'elle renferme, frêle et débile, serait bien incapable de s'alimenter tout d'abord aux dépens des matériaux du sol, et par suite de se développer; aussi le Créateur a-t-il voulu qu'une suffisante réserve de nourriture toute préparée fût mise à sa disposition.

Cette réserve, représentée par une accumulation d'amidon, tantôt est logée dans les *cotylédons*, ces premières feuilles que chacun a pu voir sortir de terre à la germination des graines, tantôt forme un petit appareil spécial, l'*albumen*, véritable garde-manger où puiseront sans effort les jeunes organes en voie d'accroissement.

Tout cet ensemble est protégé par des enveloppes dont la résistance se trouve exactement calculée en vue des dangers particuliers de destruction qui guettent chaque espèce.

La dissémination des graines, fait si important pour la perpétuation de l'espèce, s'opère par des moyens toujours conçus en vue de leur assurer les plus nombreuses chances de tomber dans un milieu favorable. Le Créateur a mis dans ces moyens une admirable variété.

Dans certaines espèces (quelques euphorbes, par exemple, la balsamine impatiente ou *ne-me-touchez-pas*, et surtout le curieux *Hura crepitans*, le « Sablier » de l'Amérique tropicale, qui fait explosion avec le bruit d'un pistolet), les fruits s'ouvrent en coques élastiques qui brusquement projettent à distance toutes leurs graines.

Lorsqu'on se promène par une chaude journée d'été le long d'une lande peuplée d'épineux ajoncs, on entend une série de crépitements secs qui partent des buissons : ce sont les gousses de la plante qui, sous l'action de la sécheresse, éclatent et s'enroulent avec élasticité en projetant les graines.

Ailleurs, comme chez la clématite, les apocynées, les saules, les épilobes, une foule de

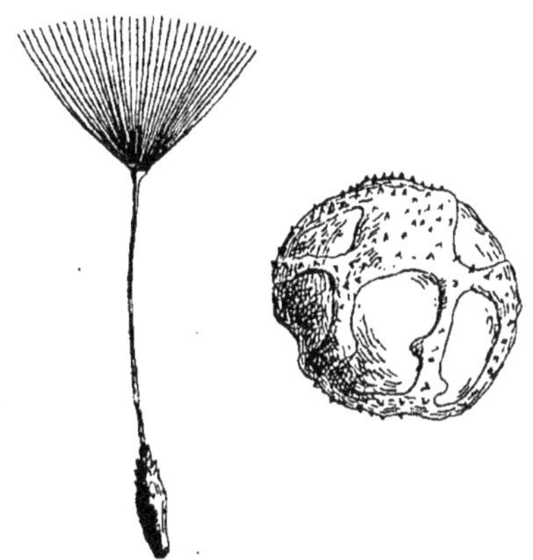

GRAINE AIGRETTÉE ET POLLEN DU PISSENLIT

composées, la sabline, les linaires, l'orme, l'érable, les graines sont munies soit d'aigrettes de poils légers, soyeux ou plumeux, soit d'ailes membraneuses et minces, qui offrent au vent une prise facile et permettent de longs voyages à travers les airs.

N'avez-vous pas quelquefois vu passer, légèrement portées par un souffle aérien, les graines aigrettées du pissenlit, du chardon? Ou tourbillonner les semences du frêne, de l'érable, dont l'aile membraneuse agit comme une hélice?

Les fruits tantôt ne mettent leurs graines en liberté que par leur propre destruction, tantôt, devenus secs et cassants par la maturation, s'ouvrent d'eux-mêmes par des orifices très diversement disposés, ou par des valves qui s'écartent suivant des lignes de rupture ménagées à l'avance dans l'épaisseur des tissus.

Il y en a (par exemple chez le mouron rouge,

les plantains) qui forment une boîte délicatement ouvragée, dont le couvercle se détache avec netteté au moment où les graines doivent être mises en liberté. On observera cette même forme de boîte à couvercle circulaire dans l'*urne* des mousses.

La force de déhiscence des fruits élastiques est si considérable que, pour l'entraver, un obstacle résistant est nécessaire. Les coques explosives du *Sablier* doivent être cerclées d'un fort fil de fer si l'on veut les conserver dans les collections sans qu'elles éclatent sous l'action de la sécheresse.

Il est remarquable que dans les fruits qui s'ouvrent d'eux-mêmes par des trous (les pavots, par exemple, les campanules), ces orifices sont souvent très petits et placés à la partie supérieure.

De cette disposition il résulte que les graines sont retenues et ont le temps de mûrir parfaitement avant de tomber; au lieu de se répandre hâtivement en tas au pied de la plante, elles ne s'échappent que sous les secousses du vent, qui, après avoir brisé par ses efforts redoublés les valves où elles s'enferment, les emporte à distance.

Les graines auxquelles la Providence n'a accordé ni aigrette, ni ailes, ni ressort, et qui, par leur poids, semblent condamnées à rester au pied de leur plante-mère, où elles se nuiraient mutuellement, sont souvent celles qui accomplissent les plus longs voyages : inertes, par elles-mêmes, elles empruntent pour s'envoler au loin les ailes des oiseaux.

C'est par l'intermédiaire de ces légers volatiles que se ressèment une multitude de fruits, à noyaux ou à pépins, dont les semences avalées et traversant indemnes le tube digestif grâce à l'enveloppe pierreuse ou coriace dont elles sont revêtues, sont ainsi utilement déposées sur les corniches inaccessibles, dans les fentes des rochers, sur les troncs des arbres, — parfois au delà des mers et des montagnes.

Un oiseau des Moluques a repeuplé de muscadiers les îles désertes de cet archipel, en dépit des efforts des Hollandais, acharnés à la destruction de ces arbres dans tous les lieux où ils ne servent pas à leur commerce.

On a vu des corbeaux faire, avec leur bec, un trou où ils déposaient un gland, qu'ils recouvraient ensuite de mousse et de terre pour le retrouver au besoin. Cependant le gland, ainsi semé par l'aveugle instinct de l'oiseau et oublié dans sa cachette, germe, se développe, devient un chêne puissant.

Les fruits charnus dont la graine osseuse attend pour sa dissémination le bec et l'intestin de l'oiseau, qui n'est peut-être pas seulement un véhicule, mais où la chaleur du corps ne doit pas être préjudiciable à la bonne préparation de la germination, offrent ordinairement à leurs utiles auxiliaires l'attrait d'une chair savoureuse.

Et leur présence parmi le feuillage est souvent soulignée par quelque couleur vive. C'est ainsi que la fleur nectarifère attire les insectes.

Les graines mûries au sein de ces fruits sont généralement ou contenues dans des noyaux osseux (la cerise, la pêche), ou entourées par une membrane cartilagineuse (la pomme, la poire), ou munies d'une enveloppe dure (grains de la groseille, du raisin).

Elles peuvent ainsi attendre longtemps, protégées efficacement contre toute cause de destruction, que les animaux ou les agents physiques chargés de leur dissémination les transportent aux endroits favorables à leur germination.

Notons encore en passant que la pulpe de ces fruits charnus, dont il reste fréquemment quelque lambeau autour de la graine lorsqu'elle tombe directement sur la terre, forme par sa décomposition un peu de terreau très propre à alimenter la jeune plante.

O providence du Créateur, jamais en défaut jusque dans les plus infimes détails! Et cette touchante prévoyance serait l'œuvre du hasard, le produit de lois aveugles et inconscientes!

Des quadrupèdes s'unissent aux oiseaux pour la dissémination des graines : tels les chevaux, dont les fumiers, pour cette raison, gâtent les prairies, où ils introduisent les semences non digérées et très aptes à germer d'une foule de mauvaises herbes.

Les loirs, les hérissons, les marmottes transportent les glands, les châtaignes, les faînes dans les régions les plus élevées des montagnes.

Les animaux aquatiques, poissons et batraciens, contribuent activement à la dispersion des plantes qui vivent avec eux dans le milieu liquide.

Sur l'aile des vents, les graines aigrettées accomplissent parfois des voyages fantastiques. Une petite plante de la famille des Composées, l'*Erigeron canadensis*, originaire de l'Amérique du Nord, est aujourd'hui répandue dans toute l'Europe; Linné pensait

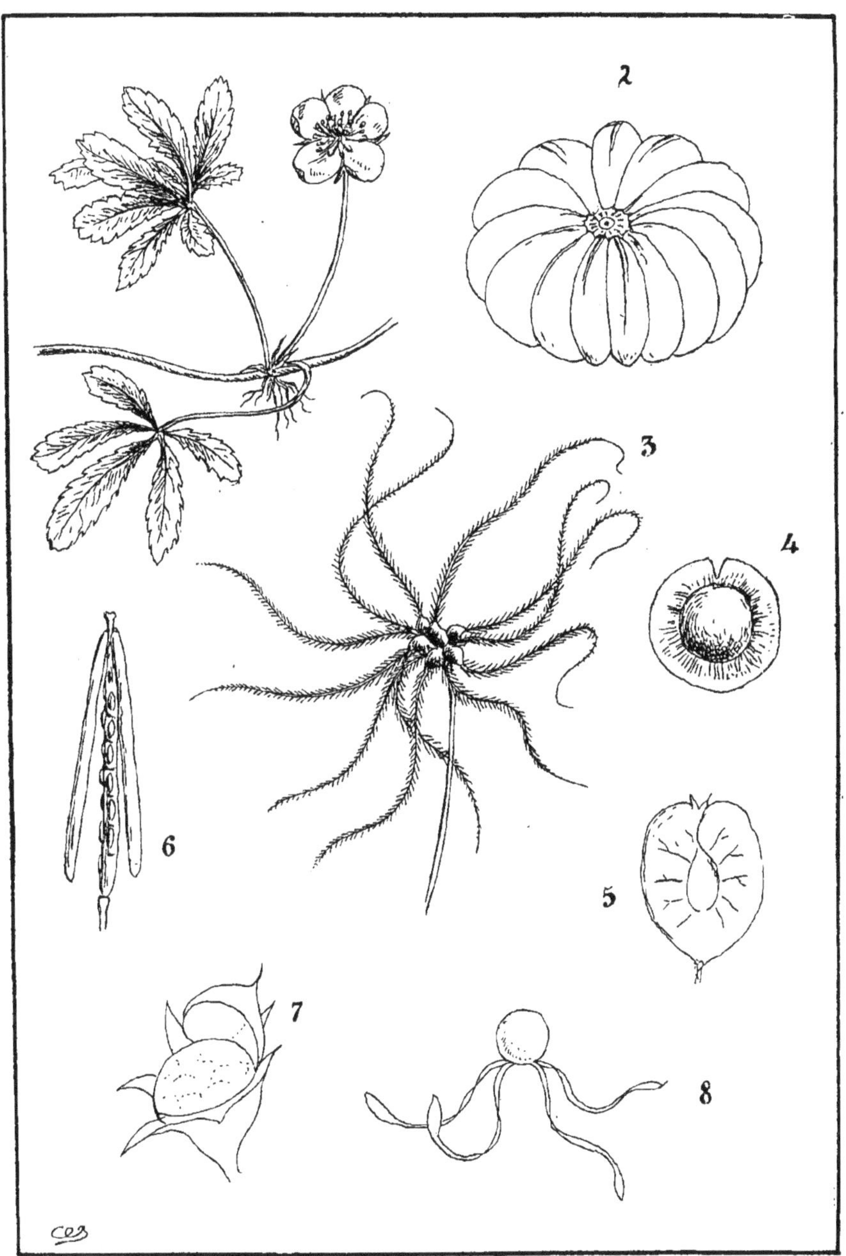

DISSÉMINATION

1. Multiplication par coulants de la potentille. — 2. Fruit explosible du sablier. — 3. Graines à aigrette plumeuse de la clématite. — 4. Graine ailée de la sabline. — 5. Graine ailée de l'orme. — 6. Fruit à valves de la giroflée. — 7. Fruit à couvercle du mouron rouge (*Anagallis*). — 8. Spores élastiques de la prêle.

que ses graines, munies d'un léger panache, avaient dû franchir l'océan grâce aux courants aériens.

Les fleuves, les eaux de la mer représentent encore des véhicules capables de faciliter l'émigration lointaine de certaines espèces.

Des fruits mûrs et non altérés sont parfois transportés du Nouveau Monde, par les courants marins, sur les côtes de la Norvège et de la Finlande. Les îles madréporiques de l'océan Pacifique, laborieusement édifiées par l'industrie inlassable et persévérante de minuscules polypes, se couvrent de palmiers et d'autres végétaux dont les graines y ont été portées par les flots, après avoir accompli, sans perdre leur faculté de germer, des voyages de 600 à 800 lieues.

Le plus curieux peut-être de tous ces modes de dissémination des graines, si multiples et si ingénieux, est celui qui a été accordé à un petit nombre d'espèces douées de la faculté de mûrir leurs fruits sous terre et par suite de déposer elles-mêmes leurs graines dans le milieu et aux points où elles doivent prospérer.

LA LINAIRE CYMBALAIRE DISSÉMINANT SES GRAINES DANS LES FENTES D'UN VIEUX MUR

Ces végétaux enterreurs sont des espèces vivant dans les terrains sablonneux, qui n'opposent à la pénétration de leurs fruits qu'une faible résistance, ou encore sur de vieux murs offrant des crevasses dans lesquelles ces fruits peuvent facilement s'introduire.

Telle est la *Linaire cymbalaire*, jolie et délicate scrofulariée qui étale sur les pierres des vieux murs ombragés ses touffes rampantes dont les tiges grêles portent des feuilles arrondies et des fleurs mauves, qui brillent comme de petites étoiles. Par une sorte d'obscur instinct, cette linaire sait diriger et faire pénétrer ses fruits mûrs dans les fentes de la muraille.

Tel est encore le singulier *Trèfle souterrain*, hôte des terrains sablonneux, des pelouses rases couronnant les falaises au bord de la mer. Au printemps, ce trèfle produit des fleurs bien conformées, fertiles, quoique chacune d'elles n'engendre qu'une seule graine, et qui se groupent en très petits épis.

Un peu plus tard, autour de chaque épi de fleurs fertiles apparaissent quelques fleurs stériles, réduites à des calices blanchâtres. L'ensemble forme un cône qui, grâce à l'incurvation du pédoncule (ou queue de l'épi), commence alors son voyage vers le sol où, la pointe la première, il va s'enfoncer.

Une crucifère du Brésil, la *Cardamine chenopodifolia*, produit à la fois des fruits normaux sur sa partie

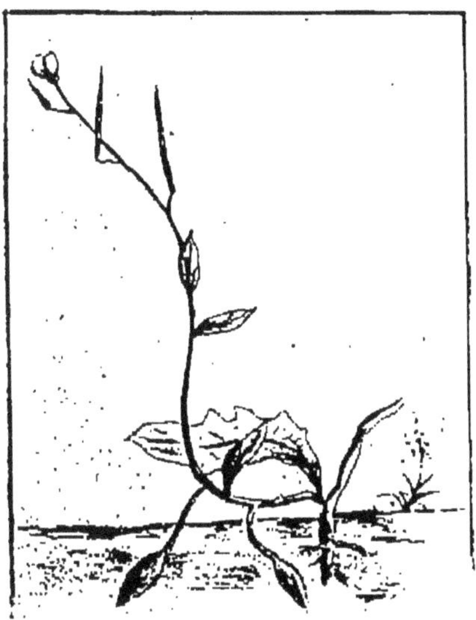

« CARDAMINE CHENOPODIFOLIA »

aérienne, et d'autres, rapprochés de la racine de la plante, qui s'introduisent dans le sol.

Plusieurs papilionacées offrent cette même particularité : ainsi, la *Vicia amphicarpa*, le *Lathyrus amphicarpos*.

Chez l'*arachide* (vulgairement « pistache de terre »), les gousses sont portées sur des pédoncules qui atteignent jusqu'à plusieurs pouces de longueur, et qui se recourbent vers le sol. S'ils réussissent à l'atteindre, leurs gousses ainsi enterrées ne tardent pas à s'accroître vigoureusement ; les autres, au contraire, avortent et se détruisent rapidement.

Dans les espèces qui produisent simultanément des fruits aériens et des fruits souterrains, ceux-ci renferment chacun bien moins de graines que ceux-là. La raison de cette différence réside dans le fait que les graines enterrées par la plante courent, comparativement aux autres, moins de chances de destruction ; de plus, déposées en trop grand nombre au même point, elles se gêneraient mutuellement.

Inclinons-nous encore devant l'Intelligence infinie qui a si harmonieusement réglé ces choses.

La graine est l'agent normal de la reproduction des plantes; cependant, la multiplication de ces êtres peut s'opérer encore par *dissociation*, c'est-à-dire par la séparation, spontanée ou artificielle, d'une partie de leur organisme apte à reproduire les éléments qui lui manquent pour régénérer un nouvel individu.

La dissociation est artificielle, par exemple, dans le *bouturage* et le *marcottage*, opérations horticoles bien connues, où une branche s'enracine et se sépare pour végéter d'une manière indépendante; elle est spontanée quand l'organe propre à reproduire la plante-mère est créé en vue de cette destination spéciale et se détache de lui-même.

Dans ces deux cas, la multiplication repose sur la faculté accordée aux fractions de végétaux de se compléter en émettant les organes qui leur manquent.

Ce mode de reproduction est la règle chez toutes les plantes sans fleurs, ou *cryptogames* (champignons, mousses, fougères, prêles, algues, lichens) : c'est la *spore*, corpuscule microscopique et ordinairement unicellulaire, qui en est l'agent.

La dissémination des spores est assurée par des moyens analogues à ceux qui portent les graines en milieu favorable.

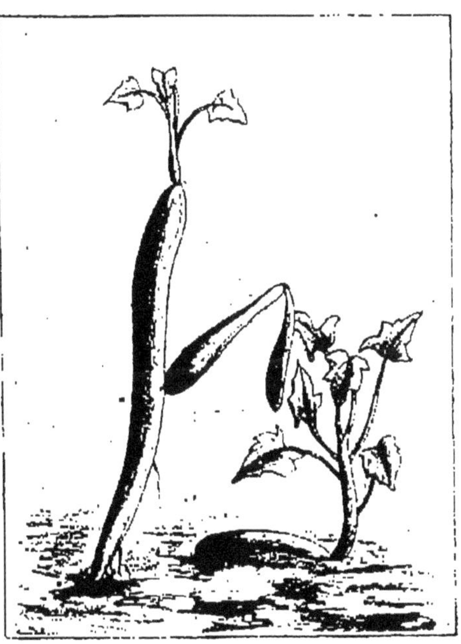

BOUTURAGE SPONTANÉ DE « KLEINIA ARTICULATA »

REPRODUCTION DU BRYOPHYLLUM PAR BOURGEONS FOLIAIRES

Il y en a qui sont avalées par des animaux herbivores, qui les rejettent avec leurs excréments après qu'elles ont subi dans leurs intestins une préparation très favorable à la germination : c'est le cas de certains champignons, notamment des espèces croissant dans les pâturages où paissent les chevaux, les bœufs, les moutons.

D'autres sont transportées par les insectes; beaucoup sont simplement rejetées comme une poussière dans l'atmosphère, où elles flottent grâce à leur légèreté jusqu'au moment où elles rencontrent une substance nourricière convenable.

D'autres encore sont mises en liberté par les brusques mouvements d'appareils élastiques. Chez les Entomophtoracés, petits champignons parasites des insectes vivants, la spore est projetée par la subite rupture du filament qui la porte. Chez les hépatiques, les spores sont fréquemment mêlées à des filaments hygroscopiques, à parois munies de bandes spiralées : ce sont autant de petits ressorts chargés d'expulser les spores avec force.

La paroi des petits sacs ou conceptacles renfermant les spores des fougères se déchire avec élasticité. Chez les prêles, la spore est enveloppée par deux rubans qui l'entourent en spirale en milieu humide, et se déroulent par la sécheresse, déplaçant ainsi la spore à laquelle ils sont attachés.

La multiplication par spores forme une circonstance indispensable à la vie des plantes cryptogames, et elle y tient une place correspondante à la multiplication par graines qui est normale chez les plantes à fleurs. Par conséquent, il ne faut pas tout à fait la confondre avec la faculté de dissociation reproductrice accordée à certaines espèces pour suppléer à l'insuffisance de leurs moyens réguliers de propagation.

Cette faculté surnuméraire et accessoire existe aussi bien chez les plantes à spores que chez les plantes à graines.

Les mousses, les lichens se multiplient par marcottage spontané, ou encore par la production d'organes spéciaux, composés d'un petit nombre de cellules, et qui, tombant en milieu favorable, germent en donnant un nouvel individu.

Chez certaines fougères, ainsi chez une espèce décorative commune dans les appartements, l'*Asplenium bulbiferum*, des bourgeons reproducteurs, ou « bulbilles », se forment sur différentes parties de la feuille.

Dans une composée, le *Kleinia articulata*, la tige se divise spontanément en articles qui s'enracinent et deviennent de nouvelles plantes. On connaît la multiplication par filets ou coulants du *fraisier*, de la *potentille*.

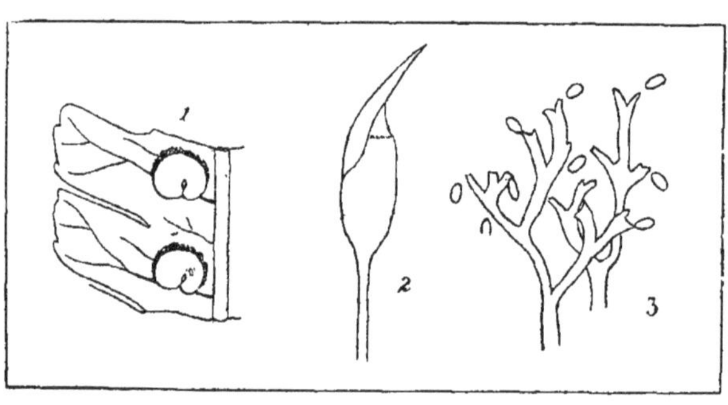

REPRODUCTION PAR SPORES
1. Amas de spores (sores) à la face inférieure d'une feuille de fougère.
2. Urne de mousse. — 3. Moisissure laissant tomber ses spores. (Le tout grossi.)

Chez le *Bryophyllum*, crassulacée de Madagascar et de Maurice, les bourgeons reproducteurs se forment sur le pourtour des feuilles et dans les échancrures de leurs lobes. Chez une petite orchidée indigène, le *Malaxis paludosa*, les bulbilles se développent également sur le bord de la feuille, vers l'extrémité. Dans la *dentaire*, crucifère de nos forêts montagneuses, c'est à l'aisselle des feuilles que naissent les bulbilles.

Un très grand nombre de champignons, pour lutter plus avantageusement contre de multiples chances de destruction, ont reçu la curieuse propriété de développer, en sus de leurs fructifications renfermant leurs spores normales, une ou plusieurs formes de spores supplémentaires.

Il en résulte pour le même champignon des aspects très divers, dont la connexité n'a pu être révélée que par des recherches minutieuses. Longtemps, les botanistes les plus expérimentés s'y sont eux-mêmes trompés et ont pris pour des êtres distincts toutes ces fructifications diverses d'un même être polymorphe, toutes ces formes qui ne sont que des états différents de la même espèce.

Qui voudrait croire, par exemple, si la science ne l'affirmait au nom de l'expérience, que le terrible *oïdium* de la vigne, qui revêt l'aspect d'une moisissure d'où les spores tombent comme une poussière, ne fait qu'un avec l'*Uncinula*, qui développe ses spores dans des conceptacles sphériques reposant au centre d'une très élégante étoile de filaments recourbés en crosse ?

Ces cas de « polymorphisme » sont extrêmement nombreux chez les champignons, et même des espèces à chapeau, des *agarics*, peuvent produire des fructifications en forme de moisissures.

Parfois, une même espèce comprend jusqu'à quatre types de moisissures, dont les caractères sont très différents. Chacune de ces formes est adaptée à des circonstances de milieu particulières; et ainsi l'espèce, grâce à ses multiples moyens de reproduction, peut se perpétuer en dépit des circonstances les plus défavorables.

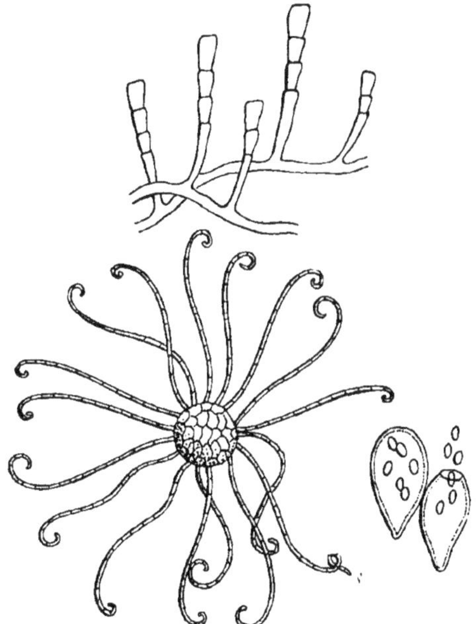

DIFFÉRENTES FRUCTIFICATIONS DE L'OÏDIUM
(*Oïdium* et *Uncinula*.)

CHAPITRE VIII

LA SENSIBILITÉ VÉGÉTALE

Si l'on prend ce mot « sensibilité » dans son acception large, et si l'on veut n'y voir que la faculté de recevoir des impressions du dehors et d'y réagir par des manifestations vitales appropriées, il est évident qu'on peut attribuer cette faculté aux plantes dans la même mesure où on l'accorde aux animaux à système nerveux nul ou non coordonné : protozoaires, éponges, zoophytes inférieurs.

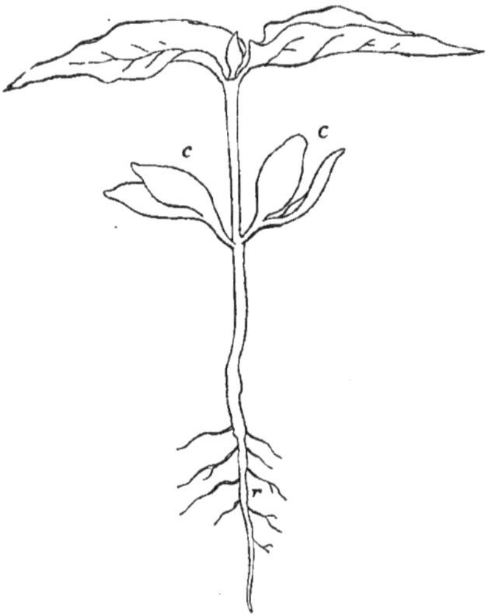

GRAINE EN GERMINATION (CATALPA)
r, radicule; *cc*, cotylédons.

Les plantes reçoivent les influences des agents extérieurs et y correspondent : elles sont donc, dans la mesure que nous venons d'indiquer, *sensibles*.

Cette sensibilité végétale se révèle et se manifeste aux observateurs par des *mouvements*, tantôt régulièrement périodiques s'ils sont liés à un phénomène physique présentant un caractère de constance ou d'alternance, tantôt accidentels s'ils sont en relation avec des excitations passagères.

Parmi les agents physiques en connexion avec les mouvements réguliers des plantes, il faut placer en première ligne la lumière solaire, envisagée, soit dans son intensité, soit dans la succession d'éclairement diurne et d'obscurité nocturne que provoquent son apparition et sa disparition alternatives.

Les botanistes modernes lui rapportent, par exemple, les mouvements typiques que l'on peut facilement constater sur l'extrémité des tiges et des rameaux en voie d'accroissement.

Si l'on observe une tige en cet état, on constate que son extrémité jeune présente successivement son sommet à tous les points de l'horizon. Elle dessine ainsi dans l'air, en combinant sa rotation avec son allongement, une spirale quelquefois nettement circulaire, mais plus souvent elliptique ou irrégulièrement ovale, le chemin aérien ne repassant pas bien exactement par les mêmes points.

Ainsi sont décrites des séries d'ellipses dont les grands axes coupent successivement l'horizon suivant des directions différentes. De plus, en même temps qu'il prend part à la courbe générale dessinée par la tige qui s'accroît, l'extrême sommet y ajoute souvent pour son propre compte des parcours secondaires sinueux, rectilignes ou curvilignes.

Nous allons retrouver dans d'autres organes des mouvements analogues.

Tout le monde a vu germer des graines, ne fût-ce que celles des haricots, des radis ou des carottes dans les jardins potagers; et tout le monde sait par conséquent que la jeune plante, candidate à la vie et qui vient de rompre ses enveloppes, dirige vers le sol une petite racine, et élève dans l'air une petite tige terminée par un bourgeon, partant de la base d'une ou de deux feuilles spéciales, généralement un peu épaisses.

Ces feuilles primordiales, où souvent s'accumule une réserve d'amidon, sont les *cotylédons;* la jeune racine qui cherche le sol avec obstination est la *radicule*.

Or, dans toutes les espèces, la radicule offre

un évident mouvement d'oscillation dès qu'elle a franchi la barrière qui l'emprisonnait; et on peut penser que ce mouvement n'est pas inutile à sa pénétration dans la terre.

Ce n'est pas qu'il soit très ample: ainsi, chez le haricot, la radicule ne s'écarte au plus que d'un millimètre de la ligne verticale passant par son axe; mais, si minime soit-elle, cette inclinaison est fréquemment nécessaire pour que la petite racine puisse subir l'action de la pesanteur et être ainsi entraînée vers le sol.

Et dès que la jonction avec le milieu nourricier est opérée, les déplacements de la radicule lui sont utiles pour dissocier les particules du terrain qui s'opposent à son chemin, et pour lui permettre de trouver comme à tâtons les zones où le sol plus meuble lui offrira moins de résistance.

Les radicules sont extrêmement sensibles à l'influence de la gravitation, qui les attire vers le sol.

Cette propriété favorise la vie de la plante en lui faisant rechercher instinctivement dès sa naissance le milieu où elle pourra puiser des aliments.

Pour en observer l'énergie, il suffit de placer une graine en germination de telle manière que sa radicule soit horizontale; après un court délai, variable suivant les espèces, on verra ce petit organe courber vers le bas son extrémité, et accentuer sa courbure jusqu'à ce qu'ait eu lieu la rencontre avec le sol ou tout au moins jusqu'à ce que la pointe soit dirigée vers le centre de la terre.

Il faut noter que seule l'extrémité de la radicule est sensible aux excitations extérieures comme à la gravitation; l'influence qui agit sur cette extrémité se communique ensuite au reste de l'organe. Nous avons vu un phénomène analogue chez les vrilles, qui s'enroulent par la base dès que leur extrémité a rencontré un corps solide.

Si de la radicule de la graine en germination nous passons aux cotylédons, nous allons observer des phénomènes moteurs plus accentués, plus variés.

Ces cotylédons offrent généralement un mouvement alternatif et incessant de bas en haut et de haut en bas. Tantôt ce mouvement est très lent et ne s'accomplit qu'une fois en vingt-quatre heures: par exemple, chez la sensitive (*Mimosa pudica*).

Tantôt, au contraire, il est rapide: les cotylédons de l'*Oxalis rosea* exécutent sept fois les deux mouvements en vingt-quatre heures, ceux de l'*Ipomœa cœrulea*, treize fois en seize heures.

Parfois, il y a dissymétrie dans la motilité, et

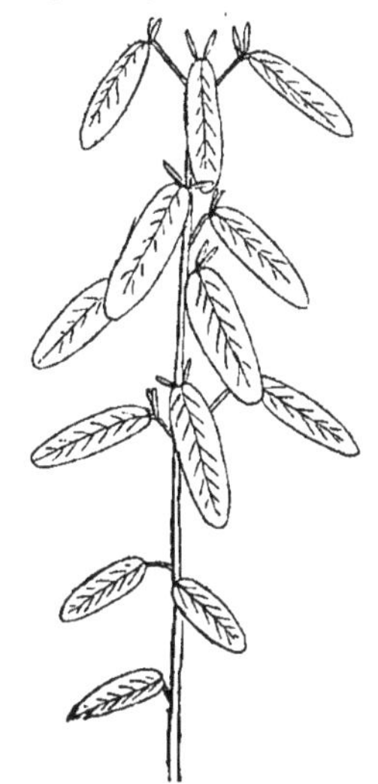

LE SAINFOIN OSCILLANT

l'un des cotylédons s'abaisse tandis que l'autre s'élève. C'est ce que l'on peut observer d'une manière très évidente dans l'*Oxalis sensitiva*.

Quelques plantes manifestent dans leurs feuilles de curieux mouvements périodiques. Le cas le plus remarquable de ce singulier phénomène biologique est offert par une légumineuse du Bengale, l'*Hedysarum gyrans* ou « sainfoin oscillant ».

Les feuilles de ce sainfoin sont à trois folioles articulées; les deux latérales, notablement plus petites, sont animées d'un mouvement de torsion et de flexion sur elles-mêmes, qui paraît indépendant dans chacune; en effet, il peut arriver que l'une reste immobile tandis que l'autre se meut rapidement.

Ce mouvement est continuel, et se fait par petites saccades très rapprochées: normalement l'une des deux folioles s'élève tandis que l'autre s'abaisse, chacune décrivant un arc d'environ 50°. Aucune cause extérieure appréciable ne détermine le phénomène; il est à peu près impossible de découvrir une relation entre ses manifestations et quelque agent excitateur étranger à la plante: contact, pluie, vent, lumière, chaleur.

Tantôt il se limite à l'une des trois folioles,

tantôt il s'étend à la feuille entière. Il commence sans cause visible, dure un temps indéfini, et cesse également sans qu'on puisse déterminer la raison mécanique de cet arrêt.

La nuit ne suspend pas les oscillations des folioles latérales, mais, en revanche, elle condamne au repos la foliole médiane, qui est notablement plus grande, et qui s'incline tantôt à droite, tantôt à gauche, d'un mouvement plus lent mais plus continu.

Il paraît que, dans l'Inde, les folioles latérales exécutent jusqu'à 60 saccades par minute; mais, dans nos serres, leur agitation est beaucoup moins rapide, surtout quand la température n'est pas très élevée et que, par suite, l'énergie vitale de la plante se trouve amoindrie.

Le pétale impair ou « labelle » de quelques orchidées offre des mouvements analogues : ainsi, chez le *megaclinium falcatum*, de l'Afrique tropicale, les *Pterostylis*. Qui trouvera la cause de ces phénomènes?

L'attraction qu'exerce la lumière sur certains organes des plantes, et en particulier sur les rameaux en voie d'accroissement, est en général irrésistible.

Si, par exemple, on fait croître une plante dans un local éclairé d'un seul côté et par une seule fenêtre, on voit la tige et les rameaux se diriger énergiquement vers la fenêtre; et si cette plante possède la faculté de s'allonger considérablement, comme c'est le cas pour le houblon, le haricot, elle dépassera la fenêtre, et ira par son extrémité chercher au dehors cette lumière indispensable à sa fonction chlorophyllienne.

En revanche, il y a des organes végétaux qui fuient nettement la lumière. Ainsi les

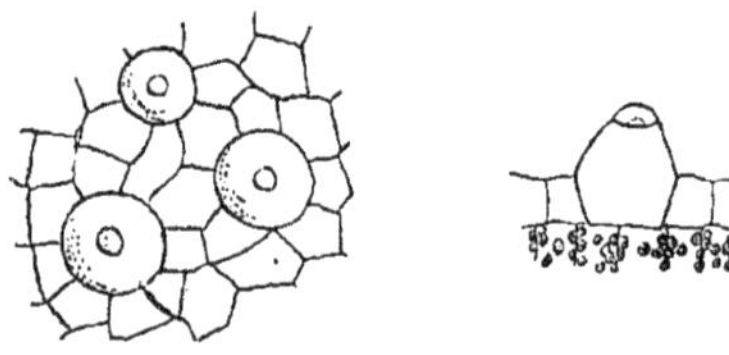

CELLULES OPTIQUES DE « FITTONIA »
(Vues en surface et en coupe.)

racines accessoires qui naissent sur les tiges à différents niveaux, comme les crampons du lierre; ainsi encore les vrilles.

Fait merveilleux : la feuille cherche la lumière, et la vrille, qui n'en est ordinairement qu'une transformation, évite cet agent nécessaire à la feuille. La métamorphose n'atteint pas seulement la forme et la fonction, mais aussi les exigences physiologiques.

La perception de la lumière par l'organisme végétal a surtout pour siège la feuille. D'après les idées modernes, il faudrait considérer les cellules de l'épiderme de la face supérieure de cet organe, cellules qui sont transparentes et à parois minces, comme autant de petites lentilles chargées de concentrer les rayons lumineux sur le protoplasma de l'intérieur.

De son côté, ce protoplasma réagirait à la lumière en se disposant dans les cellules où il est contenu de manière à donner à la feuille, par une répartition convenable de la pesanteur, une direction bien exactement perpendiculaire au plan de la lumière incidente.

Pour ce mouvement, le pétiole ou queue de la feuille servirait de pivot, et les inclinaisons de la partie plane (limbe) seraient exclusivement réglées par la sensibilité du protoplasma aux rayons lumineux.

Il paraît même que, dans certains cas, la perception de la lumière n'est plus ainsi diffuse et généralisée, mais localisée et servie par de véritables organes sensoriels.

Chez le *Fittonia verschaffelti*, acanthacée du Pérou, l'épiderme de la feuille présente de distance en distance de grosses cellules saillantes, surmontées chacune d'une cellule plus petite en forme de lentille biconvexe, c'est-à-dire en forme de loupe.

Ainsi serait réalisé un appareil optique, une sorte d'œil rudimentaire, la petite cellule en forme de loupe ayant pour rôle de recevoir et de concentrer les rayons lumineux sur la grosse, laquelle constituerait la partie sensible de cet ensemble, à peu près comme la rétine constitue la partie sensible de notre œil.

Il va sans dire que ces yeux végétaux, si du moins on peut les considérer comme tels, n'ont des yeux de l'animal que l'élément mécanique. Pour les transformer en appareils de vision, il faudrait la présence d'un système nerveux.

Or, la plante manque bien certainement de système nerveux.

Si les mouvements des feuilles possèdent, en même temps qu'une ampleur qui les rend très évidents, une alternance qui montre leur connexité avec la périodique succession du jour et de la nuit, ils réalisent le phénomène curieux connu vulgairement sous le nom de *sommeil des plantes*.

Ce phénomène est surtout sensible chez les espèces, comme les papilionacées, les *oxalis,* dont les feuilles sont composées de folioles reliées à leur axe (pétiole) par une articulation.

On conçoit facilement que des feuilles ainsi constituées puissent donner lieu à des mouvements assez rapides et d'une grande amplitude.

C'est, dit-on, à la fille du grand Linné que l'on doit la première connaissance scientifique de ces faits curieux. Le médecin Sauvage avait envoyé de Montpellier à l'illustre botaniste suédois des graines d'une papilionacée, le *Lotier pied-d'oiseau.*

Linné cultiva la plante dans son jardin; et elle était en fleurs quand, un soir, sa fille descendant pour visiter ses plantations vit avec stupeur qu'à la place où le lotier épanouissait dans la journée ses corolles et ses folioles, il n'y avait plus que des herbes fanées, un carré de tiges dénudées, où il semblait qu'un animal maraudeur eût porté ses ravages.

Intriguée et affligée, elle fit part de sa remarque à son père, qui, ayant examiné les choses plus à fond, reconnut que le lotier n'avait nullement été brouté par quelque bête malfaisante, mais dormait simplement d'un profond sommeil. Les fleurs fermées se dissimulaient parmi les feuilles reployées : tel un oiseau endormi cache sa tête sous son aile.

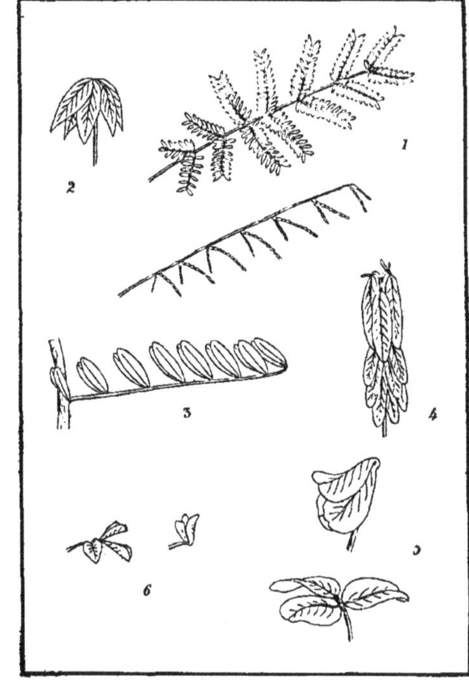

LE SOMMEIL DES PLANTES

1. Feuille d'*Acacia farnesiana* à l'état de veille et à l'état de sommeil. — 2. Feuille endormie du lupin. — 3. Feuille endormie de *Coronilla.* — 4. Rameau endormi d'*Hedysarum gyrans.* — 5. Feuille endormie et feuille éveillée de *Trifolium repens.* — 6. Feuille endormie et feuille éveillée de *Medicago.*

Ce fut là le point de départ d'autres observations analogues, et c'est ainsi que Linné découvrit la *veille* et le *sommeil* des plantes.

Des faits semblables avaient bien été vus avant lui : ainsi Garcia avait observé aux Indes des tamarins qui se contractaient pendant la nuit, et Prosper Alpin avait constaté sur des casses le même phénomène. Mais nul n'en admettait la réalité, et la gloire de la découverte est restée à Linné.

La position que prennent les feuilles pendant leur sommeil nocturne varie suivant les espèces, parfois même suivant la partie de la plante.

Chez l'*acacia* commun, par exemple, les folioles sont, au lever du soleil, étalées presque horizontalement. A mesure que l'astre s'élève au-dessus de l'horizon, elles se redressent de plus en plus jusqu'à devenir presque verticales. Puis, quand le jour décline, elles s'abaissent progressivement, et pendant la nuit elles sont presque pendantes.

Ailleurs, au contraire, comme chez la *coronille,* les folioles des feuilles endormies se redressent jusqu'à s'appliquer, deux à deux, l'une contre l'autre.

Il semble bien que le but du sommeil des plantes soit de diminuer les inconvénients du froid en restreignant la surface de rayonnement des feuilles. On sait que, pendant la nuit, tous les objets terrestres « rayonnent » dans l'espace une plus ou moins grande partie de la chaleur qu'ils ont reçue du soleil pendant le jour.

Il est évident que la surface de ces corps est un facteur important dans l'intensité de leur rayonnement. En se contractant et en se repliant, les folioles des espèces sommeillantes luttent par suite avec avantage contre une trop forte déperdition de chaleur.

Il faut penser aussi que la mesure dans laquelle chaque espèce peut dormir, l'inclinaison de ses folioles à l'état de sommeil, ainsi que l'amplitude de leurs mouvements, sont en raison inverse des inconvénients qui résulteraient pour elle du refroidissement.

Un désir exagéré d'assimiler le plus complètement possible la plante à l'animal a parfois poussé certains observateurs à des hypothèses qu'il est assez difficile d'accepter sérieusement.

C'est ainsi que Francis Darwin n'est pas éloigné d'accorder à la sensitive endormie la faculté de rêver : « J'étais, dit-il, assis tranquillement dans la serre une nuit, attendant l'heure de faire une observation, quand, tout à coup, la feuille d'une sensitive tomba et s'ouvrit rapidement, puis se releva lentement et reprit sa position nocturne... Il est à croire que quelque excitation intérieure produisit sur la plante la même impression qu'un excitant extérieur. De la même façon, un chien, rêvant près du feu, jappera et remuera les jambes, comme s'il chassait un lapin véritable au lieu d'un lapin imaginaire. »

Passe pour l'excitation intérieure; mais à quoi voulez-vous que rêve une plante, qui n'a ni cerveau ni système nerveux? Qui veut trop prouver ne prouve rien.

Quant à la cause mécanique de tous ces phénomènes moteurs constatés dans les feuilles, elle demeure mystérieuse. Ce n'est pas que de nombreux observateurs ne se soient attaqués à ce problème; et même, sous l'impulsion des idées matérialistes qui règnent, avec plus ou moins de sincérité, dans une partie du monde savant, c'est surtout vers une explication purement physico-chimique du phénomème que les recherches se sont orientées.

Ainsi, d'après Paul Bert, la périodicité de la veille et du sommeil n'aurait pas d'autre cause que l'accumulation et la destruction alternatives du glucose dans la partie motrice des folioles. Le glucose s'y emmagasinerait sous l'action de la lumière du jour et s'y consommerait pendant la nuit; d'où un changement de pression osmotique suffisant à expliquer la différence de position des feuilles.

Aucun fait précis ne vient à l'appui de cette hypothèse. Mais, même s'il était démontré que le problème physiologique du sommeil des plantes en est justiciable, elle n'expliquerait pas les mouvements spontanés diurnes, comme ceux des folioles du *sainfoin oscillant*.

En somme, sur ce point comme sur tant d'autres, le matérialisme scientifique en est pour ses frais de théories ; et la force vitale, insaisissable et rebelle à l'analyse, s'y révèle différente des forces physico-chimiques qui lui obéissent, et qu'elle gouverne en les coordonnant.

Tout ce que l'on peut dire, c'est que, d'une manière générale, le passage de la veille au sommeil, et réciproquement, est en relation avec la lumière, — agent sans doute propre à mettre en mouvement le mécanisme inconnu qui provoque ces phénomènes.

Une expérience de de Candolle est classique à ce point de vue. Cet habile botaniste, ayant placé dans un caveau, à l'abri de la lumière solaire, des plantes dormeuses du genre *Mimosa*, parvint, en les maintenant pendant le jour dans une profonde obscurité et en les éclairant durant la nuit par une puissante lumière artificielle, à changer dans quelques-unes les heures de la veille et du sommeil.

Ces expériences firent sensation, même dans le public étranger à la botanique.

Toutefois, la tentative, reprise pour d'autres espèces, n'a pas donné des résultats aussi satisfaisants; de telle manière que l'on n'est pas autorisé à considérer le phénomène du sommeil des plantes comme une manifestation exclusivement physique et sous la dépendance absolue de la lumière.

Assez récemment (vers 1868), Fée a établi que l'influence expérimentale de l'obscurité ne suffit pas à troubler la régulière alternance de la veille et du sommeil.

En pareil cas, voici comment les chose se passent ordinairement. Si l'on fait brusquement passer de la lumière à l'obscurité une plante en état de veille, elle en éprouve d'abord une sorte de secousse, et ferme ses feuilles.

Mais cet effet est momentané. Peu de temps après, elle étale à nouveau ses feuilles, et, dès ce moment, elle se comporte comme si elle se trouvait dans les conditions normales, c'est-à-dire qu'elle s'endort et s'éveille comme si elle était librement exposée à la succession naturelle du jour et de la nuit.

La seule différence est que l'arrivée du

sommeil est quelque peu avancée, et celle du réveil quelque peu retardée.

Chez les *nepenthes*, ces curieuses plantes insecticides dont nous avons décrit le piège ingénieux, on observe, dans leur marécageuse patrie, de remarquables mouvements périodiques. Ces mouvements sont particulièrement sensibles dans une grande espèce, qui croît à Madasgacar.

Les urnes qui couronnent les feuilles sont, au moment où le jour paraît, complètement remplies d'une eau que la plante a distillée pendant la nuit; leur couvercle est fermé, et leur poids a fait fléchir les feuilles qui les supportent, de telle manière qu'elles reposent toutes sur le sol.

Leur couvercle est alors si hermétiquement clos qu'on ne peut le soulever sans déchirer la paroi de l'urne. Quand le soleil s'est un peu élevé sur l'horizon, quelques mouvements contractiles se remarquent au pourtour des couvercles; ils commencent à se disjoindre, puis ils se soulèvent notablement, et en moins d'une heure toutes les urnes sont ouvertes.

Alors se fait une évaporation active, et à mesure que le niveau de l'eau s'abaisse et que le poids diminue, on voit les feuilles et les urnes se redresser, reprendre leur position normale.

Lorsque l'eau a disparu aux deux tiers, ce qui arrive vers le milieu de l'après-midi, les couvercles commencent à s'abaisser; en deux heures, les urnes sont complètement fermées. La nuit vient leur permettre de se remplir de liquide à nouveau, et le lendemain recommence la série des mêmes phénomènes.

Les mouvements végétaux spontanés, produits en vertu des forces vitales dans une relation visible avec l'intensité de la lumière ou l'alternance du jour et de la nuit, ne sont pas limités aux feuilles; ils peuvent être également observés chez beaucoup de fleurs.

Quand une plante est cultivée dans un appartement éclairé par une seule fenêtre, on voit ses fleurs se diriger énergiquement vers cette fenêtre.

Cette orientation est presque généralement obtenue par une incurvation appropriée du pédoncule (queue de la fleur). Parfois cependant ce sont les parties elles-mêmes de la fleur qui recherchent ainsi les rayons lumineux.

Chez le *colchique*, le *safran*, c'est le calice qui s'incline vers la lumière; chez le *mélampyre*, c'est la corolle; chez le *plantain*, ce sont les étamines; chez l'*épilobe*, le pistil.

Dans certaines espèces, l'influence attractive de la lumière est telle que les fleurs semblent en quelque sorte suivre la marche du soleil. Le matin elles s'inclinent vers l'Orient; à midi (dans notre hémisphère), elles regardent le Sud; le soir, elles sont dirigées vers l'Ouest. Pendant la nuit, elles se redressent verticalement.

Ces phénomènes sont faciles à observer sur le *pavot coquelicot*, la *renoncule des champs*, le *salsifis sauvage*, l'*épervière piloselle* et bien d'autres espèces.

Il est remarquable que la quantité de lumière requise pour qu'ils se manifestent varie considérablement d'une espèce à l'autre. Ainsi les fleurs de la centaurée restent droites sous l'influence de rayons assez intenses pour agir sur les fleurs de la scabieuse.

Chez quelques espèces des genres *Achillea, Chrysanthemum, Geranium*, les fleurs restent verticales tant qu'elles sont exposées aux rayons solaires, et s'inclinent au contraire dès que l'ombre les atteint.

Chez la *sauge verticillée*, unique exception connue à une loi générale, les fleurs, au moment de leur épanouissement, s'inclinent dans une direction opposée à la lumière.

Faut-il voir une analogie entre les mouvements de veille et de sommeil des feuilles, et l'alternance d'épanouissement et de fermeture que présentent un grand nombre de fleurs, en connexité avec la succession du jour et de la nuit?

Les fleurs s'ouvrent et se ferment, suivant les espèces, à des heures différentes, et c'est en tenant compte de ces différences que Linné avait établi sa célèbre *horloge de Flore*.

Il y a des fleurs *diurnes*, qui s'épanouissent à la lumière du jour; il y a des fleurs *nocturnes*, qui ne s'ouvrent au contraire qu'à la clarté des étoiles. Celles-ci sont moins nombreuses que celles-là.

Le grand liseron des haies (*Convolvulus sepium*), déroule les plis de ses belles coupes blanches à 4 heures du matin; le *Papaver nudicaule* s'ouvre à 5 heures; le *Convolvulus tricolor* entre 5 et 6; les *épervières* et les *laitrons* entre 6 et 7; le mouron rouge (*Anagallis arvensis*) à 8; le souci des champs (*Calendula arvensis*) à 9; la dame-d'onze-heures (*Ornithogalum umbellatum*) à 11, pour se fermer le soir; la plupart des *ficoïdes* à midi; la scille de l'après-midi (*Scilla pome-*

ridiana) à 2 heures; le *silène noctiflore* entre 5 et 6 heures du soir; la belle-de-nuit (*Mirabilis jalapa*) vers 7 heures, pour se fermer le lendemain, à 10 heures du matin. L'*onagre odorante*, le *cierge à grandes fleurs* s'épanouissent vers la même heure; et enfin, à 10 heures du soir, s'ouvre le liseron pourpré (*Convolvulus purpureus*), que l'on a surnommé la « belle-de-jour » parce que l'observateur le plus matinal le trouve toujours épanoui.

Ces phénomènes sont, sinon sous la dépendance exclusive de la lumière solaire et des variations de chaleur provoquées par le cours journalier du soleil, du moins en relation avec ces agents. Francis Darwin, expérimentant sur un *Crocus*, a vu les fleurs fermées de cette plante commencer à s'ouvrir lorsqu'il en approchait seulement un charbon ardent.

LE SOUCI DE PLUIE (CALENDULA PLUVIALIS)

Les heures d'épanouissement sont sans doute appropriées aux périodes d'activité des insectes butineurs. Il y a une relation assez évidente entre l'épanouissement de la plupart des fleurs sous les plus chauds rayons du soleil et l'énergie laborieuse que cette chaleur solaire communique aux abeilles.

De Candolle, ayant placé des « belles-de-nuit » dans un caveau que des lampes éclairaient pendant la nuit, constata qu'elles étaient dérangées d'abord dans leur floraison, mais que bientôt elles s'accommodaient de la clarté artificielle qui leur était offerte, s'ouvrant le matin dans l'obscurité du caveau après une nuit éclairée par les lampes, se fermant le soir à la clarté de ces lampes après une journée sans lumière.

Le poète Delille, enthousiasmé par ces expériences, put lyriquement s'écrier :

De la crédule fleur le calice est trompé!

Mais de Candolle ne réussit pas à tromper ainsi toutes les fleurs. D'autres espèces ne purent se plier au nouvel ordre de choses, sans toutefois garder l'ancien : elles étaient désheurées, se fermant et s'épanouissant très irrégulièrement.

Il y a encore des espèces où les mouvements des fleurs sont provoqués par des influences atmosphériques : ce sont les plantes dites *météoriques* par les botanistes.

Ainsi, le souci de pluie (*Calendula pluvialis*), la *campanule agglomérée* et quelques autres du même genre se ferment quand le temps se met à la pluie ou qu'un orage se prépare; le laitron de Sibérie (*Sonchus sibiricus*), au contraire, ne s'épanouit que quand l'atmosphère est humide et le ciel couvert de nuages.

Quel que soit l'agent physique chargé d'en mettre le mécanisme en œuvre, d'en déclancher le ressort, ces phénomènes moteurs sont, ne l'oublions pas, du domaine de la vie; ils ont été donnés aux différentes espèces où on les constate pour la plus grande utilité de chacune d'elles.

Le cas le plus connu et aussi le plus curieux de la sensibilité végétale mise en activité par des excitations accidentelles est celui de la sensitive (*Mimosa pudica*), plante de la famille des Légumineuses.

Les feuilles de cette espèce sont composées de petites folioles articulées à la base et extrêmement sensibles à la moindre influence.

Le plus léger contact, le souffle du vent ou des lèvres, l'ombre d'un nuage ou d'un corps opaque quelconque, l'électricité, la chaleur, le froid, les vapeurs irritantes (par exemple celles du chlore) suffisent à provoquer dans ces folioles les plus singuliers mouvements.

Si l'on en touche une seule, elle se redresse immédiatement contre celle qui lui est opposée, et progressivement toutes les autres folioles de la même feuille exécutent une manœuvre identique, se couchent les unes sur les autres en se recouvrant à la manière des tuiles d'un toit.

La feuille tout entière ne tarde pas à s'infléchir vers la terre, et la plante bientôt paraît morte et fanée. Puis, quand la cause excitatrice a cessé son action, tous ces organes se déploient, se redressent, et la sensitive reprend son aspect normal.

Les individus de cette espèce que nous cultivons dans nos serres n'y atteignent guère que quelques décimètres de hauteur; mais dans son climat natal, en Amérique et au Brésil, elle forme des fourrés hauts de plusieurs mètres. Le voyageur qui traverse ces fourrés ou l'oiseau qui s'y pose les bouleversent étrangement; mais en moins d'une demi-heure ils reprennent leur attitude.

Quand la cause perturbatrice prend un caractère régulier et une certaine durée, la sensitive s'y accommode, et n'en éprouve plus cette déconcertante émotion qui intrigue l'observateur. Le botaniste Desfontaines, ayant mis dans une voiture des sensitives en vase, vit d'abord les folioles se déjeter sous l'influence des cahots du véhicule; puis elles se redressaient et demeuraient étalées, comme si elles avaient pris l'habitude de ce mouvement qui au début les troublait. Si la voiture recommençait à rouler après s'être arrêtée quelque temps, les folioles tombaient de nouveau et ne reprenaient leur accoutumance aux chocs de la voiture qu'après un certain délai.

Un contact répété plusieurs fois et à des intervalles rapprochés rend la sensitive beaucoup moins impressionnable.

Francis Darwin a fait, à ce propos, une curieuse expérience. Ayant attaché l'une des extrémités d'un fil à une feuille de sensitive et l'autre extrémité au pendule d'un métronome, il plaça la plante de telle manière qu'elle recevait un choc à chaque course du pendule.

Le premier choc fit tomber les folioles; mais bientôt l'accoutumance se fit, et le métronome put à l'aise continuer ses battements sans réveiller l'excitabilité de la sensitive.

C'est sans doute par un mécanisme analogue que, dans la nature, la plante s'habitue à recevoir sans émotion les chocs répétés du vent.

Les mouvements de la sensitive se produisent toujours, quelle que soit la nature du corps qui détermine le choc, à la lumière comme dans l'obscurité, à l'air libre comme dans l'eau, et à toute heure. Une température élevée les rend plus vifs, plus subits et plus amples : ce qui s'explique par la vitalité plus grande qu'elle imprime à la plante.

C'est chez la *Mimosa pudica* que ces phénomènes d'impressionnabilité manifestent la plus haute intensité, mais on les observe aussi, à un degré moindre, chez d'autres espèces : *Mimosa sensitiva, casta, dormiens, viva, humilis; Schrankia aculeata, Smithia sensitiva, Æschynomene sensitiva, Averrhoa carambola*. Ces plantes sont toutes originaires des régions chaudes du globe et appartiennent comme la sensitive à la famille des Légumineuses.

Quelques oxalides, de la famille des Oxalidées (en particulier l'*Oxalis sensitiva*), sont aussi des espèces impressionnables.

Les mouvements des folioles ont leur siège dans la base des pétioles et paraissent commandés par des excitations qui se communiquent progressivement à partir de poils tactiles spéciaux; mais leur mécanisme reste obscur, et en tout cas impossible à expliquer par une action purement physico-chimique.

Nous avons parlé déjà du piège à détente de la *dionée attrape-mouches*. Le fonctionnement de ce piège est encore un cas intéressant de sensibilité végétale.

Les feuilles de la dionée offrent à leur extrémité deux petites palettes, garnies de cils aux bords, et offrant chacune sur leur ligne médiane trois grands poils sensibles. Ces palettes sont réunies longitudinalement par une sorte de petite charnière.

Dès qu'une bestiole imprudente s'y pose pour recueillir le suc mielleux qui y est sécrété, et vient en contact avec les poils sensibles, les palettes se rapprochent brusquement comme les feuillets d'un livre que l'on fermerait.

Plus l'insecte captif se débat, plus le piège se resserre; il ne se rouvre que lorsque l'animalcule a cessé de s'agiter, et que la cause qui impressionnait les poils sensibles n'est plus par conséquent active.

Une petite plante indigène de la même famille que la dionée, la *Drosera*, qui porte dans le langage vulgaire le nom gracieux de « Rossolis » ou « Rosée-du-soleil », offre des phénomènes d'excitabilité analogues.

Ses feuilles sont arrondies, concaves, chargées de glandes et bordées de cils sur tout leur pourtour; elles distillent à leur surface un suc visqueux de nature à tenter la gourmandise des insectes. Qu'une petite mouche, alléchée par l'appât, vienne y goûter: immédiatement les poils se redressent, s'entrecroisent réciproquement d'un bord à l'autre et forment un réseau qui retient la bestiole.

Des mouvements provoqués et en relation avec une cause excitatrice s'observent sur les étamines de certaines plantes, où ils paraissent avoir pour but la dissémination du pollen.

Ces phénomènes ont été surtout bien étudiés dans quelques espèces de la famille des

Berbéridées, notamment l'épine-vinette (*Berberis vulgaris*) et le *mahonia*.

Dans ces espèces, la fleur comporte six étamines, formées chacune d'un filet aplati et d'une anthère dont les deux loges s'ouvrent par une valve se soulevant de bas en haut comme une fenêtre à tabatière. Au repos, ces étamines sont appliquées contre la face concave des pétales en face desquels elles sont insérées.

Si, de la pointe d'une aiguille, on vient à toucher, même légèrement, le côté interne des filets, on les voit se courber très fortement et rapprocher du pistil l'anthère qui les couronne. Puis, au bout de quelques instants, ils se redressent et reprennent leur position première.

Cette irritabilité des filets des étamines n'apparaît qu'au moment où la fleur s'épanouit; elle persiste, après que les anthères sont vides de leur pollen, jusqu'à ce que les étamines soient tout à fait flétries. Son apparition s'accompagne d'un changement de couleur du filet, qui était verdâtre dans le bouton, et qui devient jaune d'or dans la fleur épanouie.

Le moindre contact pratiqué à l'aide d'une aiguille ou d'un autre objet, la chute d'un petit corps étranger, le choc de la patte ou de l'aile d'un insecte suffisent, s'ils s'exercent sur la partie sensible du filet, à en provoquer la brusque incurvation.

Fait à noter: si l'on pratique successivement sur le filet des séries d'excitations, séparées par des intervalles assez longs pour laisser reposer l'organe, on peut obtenir à peu près indéfiniment la répétition des mêmes phénomènes de réaction motrice.

Mais si les excitations sont renouvelées très rapidement et sans que le filet ait le temps de se reposer, les mouvements deviennent à chaque fois moins amples et bientôt cessent complètement.

Les choses se passent à peu près comme dans les muscles animaux soumis à des excitations trop rapides : à la fatigue qui se manifeste d'abord, succède un épuisement complet, qui supprime totalement les phénomènes moteurs.

Cet épuisement serait dû à une déperdition des substances chimiques dont la combustion doit fournir l'énergie nécessaire à l'accomplissement des mouvements.

Comme les feuilles de la sensitive, les étamines excitables des berbéridées offrent le phénomène de l'accoutumance aux causes excitatrices persistantes.

Celles de l'épine-vinette, par exemple, d'après les observations de M. Hæckel, ne réagissent pas à l'irritation déterminée par la présence constante et l'agitation des insectes vivant dans la fleur; pendant les grands vents, des pieds entiers de *mahonia* ont toutes leurs étamines insensibles, et les individus qui se trouvent abrités conservent seuls leur irritabilité florale.

Des mouvements analogues des étamines s'observent chez un grand nombre d'espèces de la famille des Composées.

Là, comme chez les Berbéridées, le filet présente cette remarquable propriété de conserver son irritabilité même après avoir été détaché de la fleur où il était inséré. Coupé en travers, fendu en long, il demeure irritable, et réagit mécaniquement aux excitations tant que ses cellules ne sont pas arrivées à un certain degré de dessiccation.

Quand leur pollen est mûr, les étamines de la *Rue* (*Ruta graveolens*) s'infléchissent l'une après l'autre vers le centre de la fleur, puis reprennent leur position première.

Les étamines du *Sparmannia africana*, plante de la famille des Tiliacées qui croît dans l'Afrique sud-orientale, se rapprochent les unes contre les autres, et se dressent contre le pistil lorsqu'on irrite leur filet, par exemple avec la pointe d'une aiguille.

Dans plusieurs espèces de la famille des Urticées, telles que *l'ortie, la pariétaire, le mûrier à papier*, les étamines sont d'abord infléchies vers le centre de la fleur, au-dessous du stigmate. A un moment, elles se redressent brusquement, comme autant de ressorts, et projettent leur pollen avec élasticité.

Chez les *Kalmia*, de la famille des Bruyères, les étamines sont placées horizontalement au fond de la fleur, et leurs anthères logées chacune dans une petite fossette. A la maturité du pollen, elles se courbent légèrement sur elles-mêmes, diminuent ainsi la longueur de leur filet et dégagent leurs anthères des fossettes où elles étaient retenues.

Des expériences nombreuses, dont quelques-unes déjà anciennes, ont démontré que l'excitabilité végétale peut être détruite, comme la sensibilité animale, par certaines substances toxiques.

Dans ses *Eléments de botanique* (5e édition, 1833), Richard parle des expériences de Goeppers et Macaire Princep, dans lesquelles les plantes excitables, arrosées avec « l'eau distillée de laurier-cerise, l'acide hydrocyanique, la solution d'opium », perdent toute faculté de réaction motrice.

Les agents anesthésiques modernes paraissent sans action sur les mouvements de veille et de sommeil, ou du moins ne les suppriment qu'en tuant la plante; mais il n'en va pas de même si on les applique aux espèces excitables.

Une sensitive, placée sous une cloche pleine d'air dans laquelle on fait évaporer du chloroforme ou de l'éther, ne tarde pas à se montrer insensible aux causes excitatrices qui normalement provoquent l'abaissement de ses folioles. Toutefois, l'anesthésie n'a lieu qu'autant que la plante y a été soumise à l'état de veille.

De même, les filets des étamines des *berberis*, des *mahonia*, exposés pendant six à huit minutes à l'action des vapeurs du chloroforme, sont insensibilisés.

Comme pour les feuilles de la sensitive, le chloroforme n'agit sur ces filets staminaux qu'autant qu'ils se trouvaient à l'état d'extension et hors de la période d'excitation.

Un phénomène plus curieux peut-être encore que le *sommeil* ou l'*excitabilité motrice* est offert par quelques labiées de l'Amérique du Nord, des genres *Physostegia*, *Brazonia*, *Macbridea*.

Si, à l'aide du doigt, on change la position des pédoncules supportant les fleurs de ces plantes, et qu'on les dévie, par exemple, à gauche, à droite, en haut, en bas, ils gardent cette position anormale, et ne reviennent à leur direction première qu'après un temps plus ou moins long.

Quelques botanistes voient dans ces faits des phénomènes de *catalepsie* végétale.

CHAPITRE IX

LES POPULATIONS VÉGÉTALES

Il n'est pas besoin d'avoir étudié la botanique d'une manière approfondie pour savoir que toute plante exige, pour vivre, prospérer, se reproduire dans de bonnes conditions, un milieu spécial. La population végétale d'une forêt n'est pas la même que celle d'un marécage, et on trouve dans les champs et les jardins une quantité d'espèces qui ne prospéreraient point dans les pâturages ou dans les lieux incultes.

Cette distribution géographique des plantes est évidemment réglée par les exigences propres de chacune au point de vue de la nature physique et de la composition chimique du terrain, ainsi que par sa réaction particulière aux influences extérieures aptes à intervenir dans le fonctionnement de l'organisme végétal.

A ce point de vue spécial, les qualités physiques du sol paraissent avoir plus d'importance que ses qualités chimiques, la plante étant plus sensible, par exemple, à l'état compact ou meuble du terrain qu'aux substances nutritives qu'il met à sa disposition.

D'après Kirwan, dans certaines contrées humides du Nord, telle que l'Irlande, les meilleures terres à blé sont celles qui renferment le plus de silice, tandis que, dans les pays secs du Midi, on préfère pour cette culture celles qui ont le plus d'alumine.

Ce fait s'explique par la différence des propriétés physiques respectives de la silice et de l'alumine, la première ne retenant pas l'humidité, nuisible précisément dans les pays du Nord; l'autre ayant une action contraire, et favorisant par suite la végétation dans un climat naturellement sec.

On a remarqué que le gypse convient plus particulièrement aux légumineuses, les sels aux plantes maritimes, la silice aux graminées. Le châtaignier préfère les terrains de grès et ne végète que rarement sur le calcaire.

Il y a des plantes qui évitent obstinément le calcaire, et d'autres qui le recherchent comme une condition indispensable à leur vie. La présence de ces espèces *calcicoles* révèle l'existence du calcaire dans un terrain, même lorsqu'il n'y affleure pas.

Les influences extérieures qui interviennent dans la répartition géographique des plantes sont la température, la lumière, l'humidité, la composition de l'air atmosphérique, les êtres vivants.

Chaque plante a besoin pour vivre de conditions déterminées de chaleur, qui varient considérablement suivant l'espèce, l'époque de l'année, la période de la vie. Telle espèce gèle à un certain degré du thermomètre, languit sous un autre trop bas ou trop haut, et se porte très bien entre ces deux extrêmes. Telle autre, quoique parfois du même genre et fort analogue en apparence, a des exigences tout à fait différentes.

Les plantes annuelles, qui périssent après avoir fructifié une seule fois et qui ont besoin de beaucoup de chaleur en été pour mûrir leurs graines, s'accommodent mieux des climats très variables, où l'inégalité des saisons est fortement prononcée. Les plantes toujours vertes réclament une température plus uniforme.

Certaines espèces supportent un degré élevé de chaleur. Le *vitex agnus-castus*, qui, dans les jardins européens, ne périt pas pour une quinzaine de degrés de froid, croît dans l'Inde, d'après Sonnerat, près de sources chaudes à 77°, et dans l'île de Tanna, d'après Forster, sur un sol volcanique dont la température est voisine de 100°.

De Candolle a vu à Balaruc des *aster trifolium* dont les racines baignaient dans une eau à 37°; et Adanson fait remarquer que le sable du Sénégal, où croissent cependant des plantes, s'échauffe au soleil jusqu'à 76°.

Dans l'incendie d'une serre du Jardin des Plantes, une seule espèce survécut, le *phormium tenax* ou lin de la Nouvelle-Zélande.

En revanche, nous voyons les « perce-neige » fleurir sous la neige, les chênes supporter jusqu'à 25° au-dessous de zéro, le bouleau, dans le nord de l'Europe, jusqu'à 32° de froid.

Des algues végètent dans des sources d'eau chaude; une autre, le *Protococcus nivalis*, prospère sur la neige, où elle produit le curieux phénomène de la « neige rouge ».

La lumière, si rigoureusement indispensable à la vie végétale, n'a qu'une action médiocre sur la distribution des plantes. Elle n'intervient à ce point de vue que par le degré d'éclairement, plus intense dans les lieux découverts, moindre dans les endroits abrités, les forêts, les cavernes.

La plupart des champignons peuvent s'en passer, et beaucoup de leurs espèces végètent à l'aise dans les plus obscurs souterrains. Les mousses, les lichens, les fougères, un certain nombre de plantes à fleurs, se contentent d'une lumière atténuée et tamisée : on les trouve dans les forêts, les grottes, les vieux troncs d'arbres creusés, où les autres plantes, qui n'y pourraient pas vivre, ne viennent pas leur disputer la place.

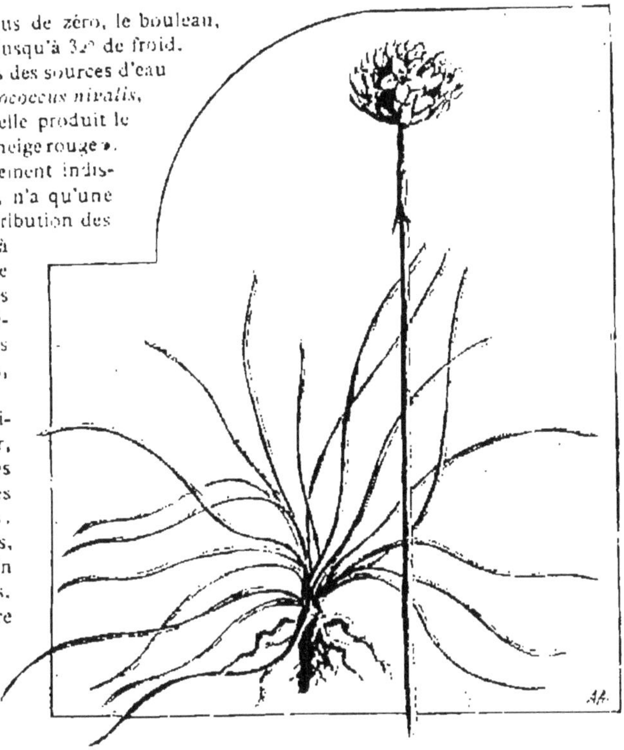

UNE PLANTE DES PELOUSES SALÉES DU LITTORAL
(*Statice armeria* ou gazon d'Olympe.)

Les exigences des plantes ne sont pas moins variables à l'égard de l'eau qu'à l'égard de la température. Les unes recherchent les terrains très arides, les sables où l'humidité ne séjourne pas; d'autres ont besoin d'avoir leurs racines et parfois même leurs tiges complètement et constamment immergées.

Entre ces deux extrêmes on trouve tous les degrés; il y a donc là un puissant facteur de dispersion géographique, chaque terrain, suivant sa nature, sa pente, son orientation, offrant des différences d'humidité d'une intensité et d'une alternance très variables.

L'atmosphère n'a une action précise sur la composition des populations végétales que dans le cas où des éléments très particuliers viennent en modifier profondément la nature.

C'est ainsi qu'au bord de la mer et dans les plaines salées de l'intérieur, l'air est fréquemment chargé de sel, substance qui élimine complètement la plupart des plantes et favorise, au contraire, le développement d'une flore spéciale, n'ayant pour ainsi dire rien de commun avec celle que l'on trouve à quelque distance dans l'intérieur des terres.

Aussi loin que le vent porte cet air salé, on peut trouver des espèces maritimes : certaines plantes du littoral remontent la vallée de la Loire jusqu'au delà de Blois. En Espagne, on a pu cultiver la *soude*, espèce qui ne croît spontanément que dans les sables salés, jusqu'à 40 lieues dans l'intérieur.

La végétation littorale se compose de deux sortes d'éléments : d'une part, de variétés issues d'espèces de l'intérieur et adaptées aux influences du climat marin, et, d'autre part, d'un certain nombre de types tout à fait spéciaux, ne correspondant à aucune autre forme de la flore terrestre.

Les caryophyllées, les composées, les violariées, les légumineuses, les graminées, les cypéracées qui habitent les départements du littoral offrent ordinairement, à côté de leurs types bien nettement terrestres, des variétés *maritimes* cantonnées dans les dunes, les marécages saumâtres, les prés et les champs du bord de la mer.

Quant aux espèces particulières à ce milieu, tout le monde a pu les observer au voisinage des villégiatures balnéaires.

Ce sont : le chardon bleu (*Eryngium maritimum*), le grand liseron des sables (*Convolvulus soldanella*), qui ne s'enroule pas comme ses congénères : l'*Euphorbia paralias*, l'« oyat » ou roseau des sables (*Ammophila arenaria*), si précieux pour la fixation des dunes mouvantes, le « gazon d'Olympe » (*Armeria maritima*), appelé encore *œillet-de-mer*, et dont l'horticulture s'est emparée ; etc., etc.

La moyenne hygrométrique de l'atmosphère n'est pas sans importance sur la nature de la flore.

Ainsi les fougères, les bruyères, les arbres à feuilles persistantes, les orchidées, ont besoin d'une atmosphère humide ; des familles entières, au contraire, comme les labiées, les composées, évitent ordinairement semblable milieu.

Dans un même pays, l'humidité atmosphérique varie assez peu d'un lieu à un autre ; mais il y a des contrées fort étendues où règne uniformément, soit une grande sécheresse, soit une permanente humidité.

Les régions voisines de la mer, celles qui sont traversées par un abondant réseau de fleuves ou couvertes de marécages, ont une atmosphère saturée de vapeur d'eau. Les pays élevés de l'intérieur, éloignés de la mer et des fleuves, sont, au contraire, secs. De là des différences notables dans l'ensemble de la flore.

L'agitation violente de l'air, qui est la règle dans certaines régions, peut s'opposer au développement des espèces ligneuses.

Sur nos côtes océaniques, les arbres, constamment battus par les vents du large, sont déformés et demeurent malingres, chétifs, rabougris.

Aux Shetland, aux Orcades, aux Hébrides, en Islande, où sévissent presque sans répit les rages des tempêtes, les arbres ne peuvent croître que dans quelques endroits abrités.

En Islande, à côté du *genévrier nain*, hôte des crevasses et des aspérités des coulées de lave, la végétation ligneuse n'est guère représentée que par une douzaine d'espèces de *saules*, qui escaladent les pentes volcaniques jusqu'à la limite inférieure des neiges perpétuelles, et par quelques *bouleaux*, atteints de nanisme, comme les arbousiers, les airelles, les bruyères qu'ils abritent, et formant des forêts qui ne dépassent pas la taille de l'homme.

Ce rabougrissement général et cette exclusion des espèces ligneuses sont l'œuvre du vent.

Un dernier facteur à considérer dans la distribution géographique des plantes est l'intervention des êtres vivants.

Les animaux tantôt détruisent complètement certaines espèces sur de vastes étendues, tantôt en favorisent l'extension en disséminant leurs graines. L'homme, volontairement ou contre son gré, contribue fortement à cette dissémination, et comme ses déplacements se font sur le globe entier, il peut transporter les plantes d'un pays dans les régions les plus lointaines.

Mais ce sont peut-être encore les plantes qui, à ce point de vue, réagissent le plus fortement les unes sur les autres. Par leur feuillage, leurs racines, l'accumulation de leurs débris, elles se nuisent mutuellement ou s'entr'aident.

L'ombre des arbres fait périr les espèces qui ont besoin de lumière et favorise celles qui recherchent l'abri et le couvert. Par leur entrecroisement, les racines se gênent mutuellement ; de plus, les substances qu'elles excrètent sont un poison pour les espèces de la même famille.

Les plantes qui prennent en largeur une grande extension, comme les graminées, excluent peu à peu les autres, et surtout les arbres, dont l'accroissement ne se fait que lentement.

C'est ce qui explique pourquoi, dans les pays où la culture n'a pas modifié la distribution naturelle des espèces, on ne trouve guère qu'une succession de forêts immenses et d'immenses prairies. Ici, les herbes ont étouffé les graines d'arbres en voie de germination ; là, les arbres ont, par leur ombre, éliminé les plantes herbacées.

La combinaison de ces diverses influences crée un certain nombre de milieux distincts, de *stations* caractérisées, sinon toujours par une flore absolument spéciale, du moins par la présence à peu près exclusive d'une quantité plus ou moins grande de plantes révélatrices.

Aquatique (*Hottonia palustris*).

Montagnarde (*Androsaces villosa*).

Des décombres (*Atriplex hastata*).

Des taillis (*Lathyrus sylvestris*.)

TYPES DE PLANTES DE DIFFÉRENTES STATIONS

En général, ces stations sont faciles à distinguer par leurs particularités physiques; les botanistes en reconnaissent une quinzaine, parmi lesquelles nous indiquerons, à titre d'exemples : la *mer*, les *bords de la mer*, les *eaux douces*, les *prairies*, les *terrains cultivés*, les *lieux arides*, les *sables*, les *décombres*, les *forêts*, les *cavernes*, les *montagnes*.

Plus les caractères physiques d'un milieu sont accentués et spéciaux, plus les espèces qui en composent la flore forment un ensemble particulier et homogène.

Ainsi en est-il du milieu maritime, où nous voyons les plantes acquérir, sous l'influence du sel marin dont elles se gorgent, une teinte moins verte, et surtout une succulence des tissus qui gonfle leurs feuilles, leurs fleurs, et en fait autant d'espèces *grasses*.

Ainsi encore en est-il de la montagne, où, à mesure qu'il s'élève, le botaniste peut constater l'accommodation progressive des plantes aux conditions de plus en plus spéciales de chaleur, de pression atmosphérique et de lumière qui résultent pour elles de l'altitude de plus en plus grande.

Le fond des vallées basses lui offre encore les espèces qu'il a pu observer dans les plaines environnantes : cultures de maïs, de froment, de seigle, d'orge, d'avoine, vignes, rizières, entremêlées des plantes sauvages de la zone tempérée.

Un peu plus haut apparaissent de nouvelles espèces, caractéristiques de la région alpestre : des *astrantia*, des aconits, des potentilles, des achillées, des prénanthes, des labiées.

Montant encore, le botaniste atteint la région des forêts, et se voit entouré de noyers, de châtaigniers, de chênes, de hêtres, de bouleaux. A 1 000 mètres, ces arbres à feuilles caduques disparaissent à leur tour, et les voilà remplacés par des arbres toujours verts : pins cembros, sapins, mélèzes, mêlés à des aulnes et à des bouleaux, qui s'arrêteront vers 2 000 mètres, pour faire place aux grappes de fleurs rouges des jolis *rhododendrons*.

Plus haut, l'aspect de la végétation change de nouveau. Les arbres, les plantes annuelles font maintenant défaut : à peine quelques arbustes trapus, se détachant insensiblement sur les immenses tapis de verdure des herbes vivaces.

C'est la zone des hauts pâturages, la région *alpine*. Elle se prolonge jusqu'à plus de 2 600 mètres, décorée de saules nains, d'*Androsaces*, des touffes roses du *Silene acaulis*, de saxifrages, de gentianes, de céraistes, d'alchémilles, des corolles rosées de la *renoncule glaciale*. La dernière plante à fleurs recueillie par Saussure dans sa célèbre ascension du mont Blanc fut le *Silene acaulis*, à 3 469 mètres d'altitude.

Au-dessus de cette limite, les rochers arides ne présentent plus d'autre trace de végétation que la lèpre polychrome de quelques lichens. Puis ce dernier vestige de la vie végétale disparaît à son tour : un peu plus haut, c'est la neige.

Si l'on examine la population humaine d'une grande ville au point de vue de ses origines, on reconnaît qu'elle est formée d'éléments multiples et disparates.

Il y a dans cette population de vieilles familles dont les ancêtres ont, aussi loin qu'on puisse remonter dans le passé, toujours habité la ville et en ont de tout temps été les citoyens ; d'autres n'y sont implantées que depuis une date plus rapprochée, que les recherches historiques permettent facilement de retrouver ; d'autres encore viennent d'y arriver, attirées par les nécessités des affaires, du négoce, des alliances.

Parmi ces étrangers nouvellement arrivés, il y en a qui prospéreront dans la ville, s'y fixeront, y feront souche, chasseront même les autochtones ; d'autres, au contraire, verront s'évanouir leurs espoirs de succès, et, déçus, reprenant leurs bagages et leurs enfants, ils s'en iront ailleurs, jusqu'à ce qu'ils trouvent enfin une terre propice et accueillante : *una tandem patria !*

C'est là l'histoire exacte de la population végétale d'un pays. Cette population — cette *flore*, suivant le terme consacré, — malgré la bonne harmonie et la paix qui semblent régner entre tous ses représentants, est perpétuellement en voie de modification, non seulement par le fait des agents physiques qui en déterminent la répartition, mais aussi par les mutuelles compétitions des légitimes propriétaires du sol, avides de s'étendre au détriment du voisin, par la disparition ou l'exil des vaincus, par le triomphe des conquérants venus du dehors.

Voyons de près, par exemple, la flore d'une région française, d'une province, d'un département ; nous y reconnaîtrons :

Des espèces *indigènes*, qui ont toujours habité ce district géographique, ou du moins dont l'introduction remonte à une date inaccessible à l'histoire : elles habitent ordinairement des stations naturelles, telles que les bois, les marécages, les berges des rivières, le bord de la mer ;

Des espèces *introduites*, étrangères venues du dehors sans le concours volontaire de l'homme, parfois contre son gré, et se reproduisant dans leur patrie d'adoption : c'est dans cette catégorie qu'il faut ranger les mauvaises herbes qui envahissent si rapidement

PLANTES INTRODUITES DANS LES MOISSONS

1. Pavot coquelicot. — 2. Nielle. — 3. Fumeterre. — 4. Centaurée bleuet.

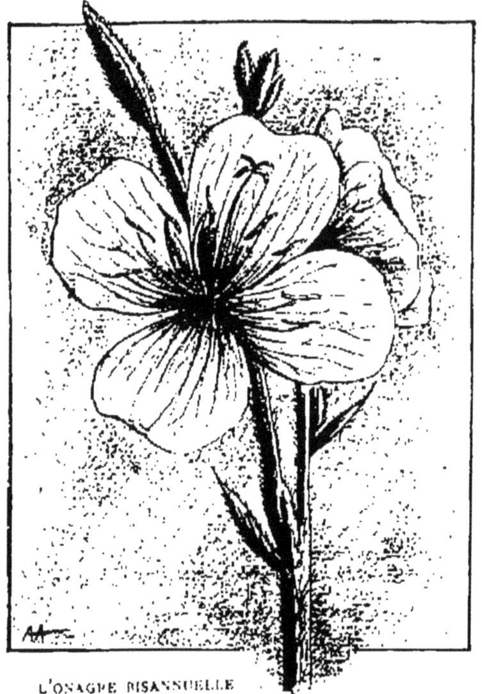

L'ONAGRE BISANNUELLE

les champs, les jardins, les terrains remués, les décombres, les lieux vagues. On remarquera que la plupart sont annuelles, comme les moissons ou les plantes potagères au milieu desquelles elles se propagent;

Des espèces *adventices*, à peu près limitées aux cultures spéciales, champs de lin ou d'avoine, prairies artificielles; elles sont en voie d'acclimatement, mais ne persistent qu'autant que durent les conditions qui ont favorisé leur introduction accidentelle;

Enfin, des espèces qui s'échappent des lieux où l'homme les cultive pour un but décoratif ou utilitaire, et qui végètent librement, soit *subspontanées*, si elles ne se multiplient pas dans leur nouvel habitat, soit *naturalisées* si elles s'y reproduisent.

Quelques exemples empruntés à la flore de la France montreront comment les migrations des plantes peuvent modifier d'une manière permanente la composition des populations végétales.

Tandis que certaines espèces, comme le coquelicot, le bleuet, la renoncule des champs, la nielle, envahissent à peu près indistinctement tous les champs cultivés, d'autres se cantonnent dans les cultures spéciales : c'est ainsi que le *Camelina linicola*, dont la patrie originaire est la Russie méridionale, a pénétré chez nous avec des graines de lin importées de cette contrée.

L'onagre (*Œnothera biennis*), espèce américaine souvent cultivée dans les jardins et aujourd'hui naturalisée çà et là dans les lieux incultes, nous est venue de l'Ancien Monde par l'Orient avant la découverte de l'Amérique.

Quelques autres *Œnothera*, naturalisés dans plusieurs départements français, sont venus directement d'Amérique, patrie du genre, avec des marchandises.

Il en est de même des *Aster salignus, novi-belgii, brumalis*, naturalisés çà et là sur les berges herbeuses de nos rivières, et qui ont été, au moins partiellement, involontairement introduits, leurs semences s'étant accrochées aux ballots de marchandises.

Une gracieuse et délicate fumariacée, la *Corydalle jaune*, et la suave *giroflée des murailles*, actuellement naturalisées sur les murs et les rocailles d'une grande partie de la France, sont des immigrantes : la première paraît nous être venue de l'Italie, l'autre de l'Orient et de la Grèce.

Une petite crucifère, d'ailleurs sans beauté et intéressante seulement pour le botaniste, l'*Alyssum incanum*, doit son introduction dans notre pays à la douloureuse guerre de 1870.

Elle croît spontanément sur les bords rocailleux des chemins d'Alsace. Les Allemands en apportèrent des graines avec leurs bagages, et elle est aujourd'hui répandue dans la région parcourue par l'ennemi; elle a pénétré ainsi jusqu'à la Loire.

L'espèce la plus curieuse au point de vue de sa dissémination en France est peut-être l'*Helodea canadensis*, herbe aquatique originaire de l'Amérique du Nord, et qui, venue dans nos cours d'eau il y a une quarantaine d'années, s'y est à ce point multipliée qu'elle tend à y supplanter les espèces indigènes. Elle nous est venue par l'intermédiaire des canaux de la Hollande.

Deux lichens de la Jamaïque (*Sticta crocata* et *Physcia flavescens*) ont été trouvés par le botaniste A. de Candolle sur les troncs des arbres d'une promenade de Quimper-Corentin, exposés aux vents d'Ouest qui soufflent fréquemment sur ce point.

On doit supposer que les spores de ces lichens exotiques avaient franchi sur l'aile du vent, au-dessus des espaces océaniques, l'immense distance qui sépare la Bretagne de leur patrie.

En même temps qu'il introduit, propage et dissémine des herbes étrangères, dont les semences se mêlent accidentellement aux graines des plantes cultivées, l'homme modifie profondément la composition naturelle des flores en éliminant une foule d'espèces par le défrichement des pâturages ou des bois et le dessèchement des marécages.

Il y a des plantes qui s'attachent à notre espèce, qui suivent l'homme partout où il s'établit; si on les trouve en quelque point dans une région aujourd'hui déserte, on peut en conclure que là autrefois ont habité des hommes.

Tels sont, dans nos pays, l'*ortie*, les *chenopodium*; au Brésil, l'*Argemone mexicana*, le *Phlomis nepetifolia*. Saint-Hilaire rapporte que, dans son exploration de l'Amérique méridionale, la présence de ces plantes amies de l'homme a souvent servi à lui faire retrouver, au milieu des déserts, l'emplacement d'une chaumière détruite.

Quelle que soit leur valeur, les agents que nous venons d'énumérer, intervention disséminatrice de l'homme et des animaux, influence physique de la lumière, de la chaleur, de l'atmosphère, de l'altitude, ne sont pas les seuls en cause dans la distribution géographique des espèces végétales.

Il semble même qu'à ce point de vue ces agents ne soient que les auxiliaires et les serviteurs, très limités et très localisés dans leur pouvoir, de lois plus générales dont la science n'a pas encore surpris le mystère.

S'il étaient, en effet, les seuls régulateurs du phénomène, il est évident que nous observerions, dans les diverses régions du globe présentant, malgré leur éloignement géographique, un climat semblable, des flores sinon tout à fait identiques, du moins fortement analogues.

Or, il n'en est rien; si, par exemple, on considère deux districts où les conditions climatériques soient sensiblement les mêmes, mais situés respectivement en Amérique et en Europe, on a vite reconnu que les espèces constituant la population végétale de l'un sont très différentes des espèces de l'autre.

Il s'est donc opéré, à une époque que l'histoire et la science ne peuvent ni atteindre ni préciser, une primordiale distribution des plantes à la surface du globe, distribution qui persiste encore de nos jours dans ses lignes essentielles en dépit de toutes les causes perturbatrices.

Les faits enregistrés par les nombreux observateurs qui se sont occupés de la géographie botanique permettent de se former une idée de cette distribution primitive, au moins en ce qui concerne les espèces appartenant aux types récents.

LA CORYDALLE JAUNE

Ils conduisent à considérer la terre comme divisée en un certain nombre de *centres de végétation* caractérisés chacun par un ensemble de plantes qui lui sont sensiblement spéciales, ou, en d'autres termes, à admettre que toute espèce de plante ne peut végéter que sur une certaine étendue territoriale, constituant son *aire géographique*.

Cette aire géographique est d'ailleurs très variable suivant les espèces : il y en a qui sont presque cosmopolites; d'autres, au contraire, sont cantonnées dans un très étroit district.

Parfois elle est *continue* : c'est le cas où l'espèce considérée existe entre des limites géographiques plus ou moins amples, et ne se retrouve nullement en dehors. Parfois elle est *disjointe*, lorsque la plante envisagée habite plusieurs régions séparées les unes des autres par de vastes espaces où on ne la rencontre pas.

On compte, par exemple, plusieurs espèces qui vivent à la fois sur les terres désolées voisines du pôle et sur les sommets neigeux des Alpes, des Pyrénées et du Caucase.

Le *Satyrium viride*, le *Bouleau nain* sont communs à l'Europe et à l'Amérique septentrionale; les *Primula farinosa* et *Poa alpina* se trouvent à la fois en Europe et aux îles

Malouines; les *Mimosa heterophylla* et *Scirpus iridifolius* à l'île Bourbon et aux Sandwich; l'*Asclepias fruticosa* au Cap de Bonne-Espérance et dans les îles de la Méditerranée.

On remarquera que les patries multiples de ces espèces sont séparées par un intervalle de plusieurs centaines de lieues, par des mers, des montagnes, des déserts qui s'opposent à leur dissémination, par la région intertropicale où la chaleur ne leur permettrait pas de vivre.

Ce sont là d'ailleurs des cas assez rares, où il faut voir sans doute les vestiges de la plus primitive distribution des types végétaux actuels.

Plus ordinairement, lorsque des pays très éloignés ont un même climat, on remarque que leurs populations végétales respectives, différentes par les espèces, se ressemblent par les genres.

Ainsi on trouve représentés sur les pentes des monts Himalaya et sur celles des Alpes les genres *Anemone, Rhododendron, Saxifraga;* mais ce sont de part et d'autre des espèces différentes d'anémones, de rhododendrons, de saxifrages.

De même, les forêts des États-Unis contiennent comme les nôtres beaucoup de chênes, mais ce ne sont pas les mêmes chênes. Le Créateur, tout en maintenant à la distribution géographique des plantes ce principe régulateur que nous ne connaissons pas, laisse agir les forces naturelles auxquelles il lui a plu d'accorder une influence sur les êtres vivants.

De même dans le fonctionnement de tout organisme, les forces physico-chimiques travaillent sous le contrôle, l'impulsion et la direction de la force vitale.

C'est pourquoi, tout en appartenant à des types différents, les plantes habitant des régions éloignées les unes des autres offrent des formes, une physionomie d'autant plus analogues que le climat et les caractères physiques de ces régions se ressemblent davantage.

C'est pourquoi encore le nombre absolu et proportionnel des espèces ligneuses augmente à mesure que l'on s'approche de l'équateur : la proportion de ces espèces aux plantes herbacées étant, par exemple, de 1/100 pour la Laponie, de 1/80 pour la France, de 1/5 pour la Guyane.

Des causes physiques règlent aussi la distribution relative des plantes sans fleurs (cryptogames) et des plantes à fleurs (phanérogames), la proportion de celles-ci étant de plus en plus grande vers l'équateur.

Mais la cause qui détermine pour chaque espèce l'étendue plus ou moins grande de son aire géographique n'est pas, jusqu'à présent du moins, accessible à nos moyens d'investigation scientifique. C'est un champ ouvert aux chercheurs de l'avenir.

CHAPITRE X

LES BIENFAITS DES PLANTES

L'étude que nous avons faite jusqu'ici du fonctionnement de l'organisme végétal a eu surtout pour objet la plante elle-même et le bénéfice qu'elle retire pour son propre compte de ses aptitudes physiologiques.

Il ne serait cependant pas juste que nous omettions complètement le point de vue anthropocentrique, et que, sans entrer dans des détails qui parfois sont connus, nous ne rappelions au moins les titres du règne végétal à la gratitude de l'espèce humaine.

D'une manière générale, les plantes sont, à la surface du globe, un très effectif régulateur de l'hygiène et de la météorologie.

Nous avons exposé comment, par l'accomplissement de la fonction chlorophyllienne dans leurs parties vertes, elles déversent dans l'air de notables proportions d'oxygène, ce qui compense la consommation que les êtres vivants font de ce gaz pour leur respiration.

Ainsi se trouve ramenée à son taux constant la composition de l'air atmosphérique. La prairie, la forêt, l'arbre isolé jouent sous ce rapport un puissant rôle d'assainissement.

Les conséquences du déboisement, si évidemment néfastes qu'une énergique réaction se dessine en ce moment en faveur de la replantation, attestent l'importante intervention de la forêt dans l'équilibre et l'harmonie des agents météorologiques.

Le feuillage ralentit et brise la chute des gouttes de pluie, qui, au lieu de ruisseler à la surface du sol en la ravinant, comme cela arrive dans les lieux dénudés, y parviennent doucement le long des branches et du tronc.

Le sous-bois, où s'accumulent les feuilles mortes et autres déchets de la vie des arbres, forme comme une vaste éponge, capable, dans les forêts de chênes, d'absorber jusqu'à neuf fois son poids d'eau. Cette réserve d'eau, gagnant progressivement et lentement les couches profondes, assure l'alimentation des sources.

On aura une idée de l'importance de la circulation atmosphérique déterminée par le fonctionnement vital de la plante lorsque nous aurons dit que, d'après les calculs, une forêt de hêtres centenaires enlève au sol et rend à l'atmosphère, par hectare et par jour, environ 30 000 litres d'eau.

Le trop-plein des nappes souterraines se trouve ainsi employé à un travail utile, au lieu d'aller brusquement enfler les torrents et provoquer de désastreuses inondations.

En outre, l'eau répandue dans l'atmosphère par la transpiration des arbres s'y condense et retombe en pluies bienfaisantes et régulières pour le plus grand profit de l'agriculture. Il est établi que les masses forestières provoquent la résolution des nuages en eau; et, d'autre part, la forêt, en évaporant l'humidité surabondante, empêche les inondations et la formation des marécages stagnants.

La végétation exerce encore son influence régulatrice sur le régime fluvial : les racines qui pénètrent profondément dans le sol retiennent les terrains meubles en pente, fixent les roches, entravent l'érosion qui comble les lits des rivières de masses sableuses ou vaseuses.

La destruction des forêts montagnardes, couronnement naturel des hauteurs, a des conséquences effroyables. Qui n'a gardé le souvenir de ces catastrophes dues à des glissements de pans entiers de montagnes, que l'homme avait imprudemment privés de leur végétation ligneuse?

Au point de vue hygiénique, la mise en culture des terres est d'une importance capitale.

Les façons culturales données au terrain en réalisent, d'une manière continue et avec méthode, la dissociation mécanique, rompent sa trop grande compacité, y font pénétrer l'air et en retour favorisent la sortie des gaz et des vapeurs qui s'élaborent dans les couches profondes.

L'intervention de la charrue empêche la

fermentation organique et en tue les agents par le contact de l'oxygène, leur ennemi; le sol ainsi divisé emmagasine plus facilement la chaleur, et son assèchement entrave l'accumulation des produits nuisibles à la santé.

Les plantes de grande culture, graminées et légumineuses, absorbent énergiquement les composés nitriques que le pouvoir oxydant du sol met à la disposition de leurs racines : de telle manière qu'il devient possible, sans aucun inconvénient, d'incorporer à la terre des champs les fumiers animaux et même les déchets de l'existence humaine.

C'est ainsi que la culture a assaini les *polders* de la Hollande, les plaines de l'Algérie, les *prairies* américaines; elle fournit aux grandes villes le moyen de se débarrasser de leurs résidus avec un minimum de risques pour l'hygiène publique.

Certaines espèces, plantées dans les marais, contribuent puissamment à l'assainissement des régions humides où l'eau croupissante

LE CRESSON

alimente souvent tant de germes pathogènes.

Les *Eucalyptus* australiens, par la grande puissance d'évaporation de leurs feuilles et les senteurs aromatiques qu'ils répandent dans l'atmosphère, ont considérablement amélioré des contrées réputées insalubres.

Une espèce originaire de Tasmanie, l'*Eucalyptus globulus*, introduit en Algérie en 1857

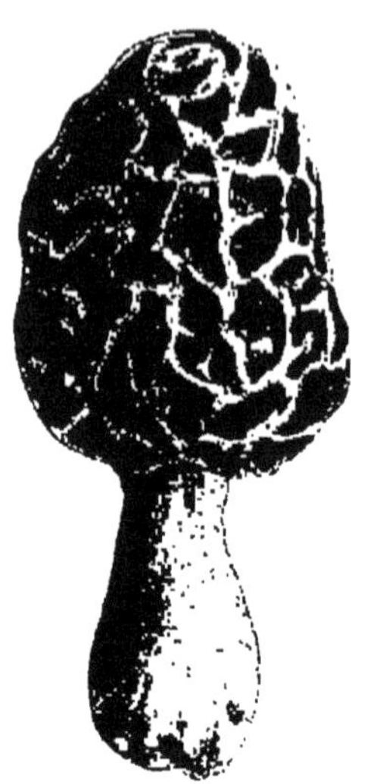

Un champignon comestible.
LA MORILLE

et qu'on y a multiplié depuis à plusieurs millions d'individus, a réalisé l'espoir que l'on fondait sur sa culture pour l'assainissement des marécages de notre dépendance africaine.

On a recommandé encore avec succès, dans le même but, quelques autres plantes, en raison de l'énergie de leur transpiration : ainsi le grand soleil ou tournesol (*Helianthus annuus*) et un arbre originaire du Japon, le *Paulownia imperialis*.

Toutes les plantes vertes indistinctement concourent, chacune dans la mesure de son activité vitale, à cette œuvre d'assainissement du sol et de l'atmosphère.

Mais une quantité innombrable de représentants du règne végétal s'ingénient à nous rendre des services plus particuliers et mettent à notre disposition, pour obéir au rôle bienfaisant que le Créateur leur a imposé à notre égard, les ressources alimentaires de leur propre substance, ou la vertu thérapeutique des poisons qu'ils distillent, ou l'appoint de leurs propriétés industrielles — ou même simplement (et ce don n'est pas toujours le moins agréable) l'hommage esthétique de leur beauté.

Rappelons au moins les noms de quelques-uns de ces auxiliaires, que nous devons saluer avec reconnaissance.

Les uns nous offrent, soit spontanément, soit en récompense des soins que nous leur donnons, leurs fruits succulents ou nutritifs. Les fruits sont, avec les animaux pris à la chasse, la nourriture des peuples primitifs qui ignorent les travaux de la culture ou ne veulent pas s'y adonner. Citons, dans cette première catégorie de plantes bienfaisantes :

Le *châtaignier*, producteur de marrons, que les anciens Romains cultivaient, et dont les plantations couvrent actuellement en France environ 50 000 hectares;

Le *noyer*, qui comptait aux époques tertiaire et quaternaire de nombreuses espèces, et qui se réduit aujourd'hui à une dizaine;

L'*amandier*, dont les fruits sont comptés parmi ceux qui furent offerts à Joseph;

Le *noisetier*, indigène dans nos bois;

La *vigne*, productrice honorée du vin;

Le *figuier*, un des arbres fruitiers les plus anciennement cultivés;

Toute la cohorte des rosacées à fruits pulpeux ou succulents : le *pommier*, divisé aujourd'hui en plusieurs centaines de variétés; le *cognassier*, que la culture n'a pas modifié, et qui conserve dans nos jardins la même âcreté qu'il avait dans les jardins des Grecs et des Romains ; le *néflier*, le *poirier*, le *pêcher*, l'*abricotier*, le *cerisier;*

Le *grenadier*, originaire de Perse; les *orangers*, aux variétés diverses; les *groseilliers*, aux baies rafraîchissantes; le *framboisier*, dont le fruit était dédaigné des anciens et même de nos pères, qui ne l'employaient qu'à des usages médicinaux; le *fraisier;*

Les exotiques *dattiers;* le *bananier*, qui, d'après une tradition, serait l' « arbre de la science du bien et du mal » dont le serpent fit manger à Eve le fruit fatal; l'*ananas*, régal des gourmets;

La *tomate*, l'*aubergine*, le *melon*, la *citrouille*, le *potiron*, le *cornichon*, et toute la série des « fruits-légumes ».

D'autres fournissent à nos tables ou leurs graines : telles la *fève*, la *lentille*, pour laquelle Esaü affamé vendit son droit d'aînesse; le *pois*, à la jeunesse si sucrée; le *haricot*, que Pythagore défendait à ses disciples comme susceptible de troubler, par sa fermentation, le calme des esprits; la *gesse;* — ou la substance de leurs feuilles et de leurs tiges : ainsi le *chou*, qui chez les Romains n'était pas seulement un aliment, mais aussi un remède; la *laitue*, la *chicorée*, le *cresson*, la *mâche*, le *pissenlit*, ressources variées des amateurs de salades;

RAMEAU DE CACAOYER

l'*oseille*, l'*épinard*, la *poirée*, la *rhubarbe* l'*artichaut*, l'*asperge*, légumes dont nous ne nous attarderons pas à faire l'éloge respectif; — ou leurs parties souterraines, comme la précieuse *pomme de terre*, bienfait incomparable qui nous est venu d'Amérique; le *topinambour*, l'*igname*, la *betterave*, le *navet*, ou rave, cultivé dès la plus haute antiquité, et qui formait jadis la principale nourriture dans le Limousin et la Saintonge, à tel point que, dans les années où les navets manquaient, on disait proverbialement en France « que les Limousins allaient mourir de faim »; la *carotte*, le *panais*, le *salsifis*, légumes dont nous nous passerions difficilement aujourd'hui. Gardons-nous d'oublier les *champignons*, dont quelques-uns sont, nous le voulons bien, de terribles poisons, mais qui renferment tant d'espèces délicieusement comestibles.

Une mention toute spéciale doit être accordée aux *céréales*, dont la culture est, par son activité et le perfectionnement de ses moyens, un des éléments qui permettent de juger du degré de civilisation d'un peuple.

Le *froment*, cultivé dès une époque presque inaccessible à l'histoire; l'*orge*, le *seigle*, l'*avoine*, le *riz*, le *sarrasin*; quelle série de plantes bien humbles, et cependant si indispensables!

Voici maintenant les condiments, utiles auxiliaires de la cuisine, et qui ont pour rôle de relever la faible sapidité des autres substances; la plupart ont une origine exotique, ou même, ne s'adaptant pas à nos climats, doivent y être importés. L'*oignon*, l'*échalote*, l'*ail*, la *ciboule*, la *moutarde*, le *persil*, le *cerfeuil*, le *thym*, le *laurier*, le *safran*, le *poivrier*, le *girofier*, le *muscadier*, le *canellier*, le *gingembre*, le *piment*, la *vanille*; tels sont les principaux représentants de cette série qui, on le voit, n'est pas dépourvue de richesse.

Et les breuvages offerts à l'homme par la plante? La liste en est longue, depuis le *vin*, issu de la vigne, jusqu'à la *bière* de houblon, jusqu'aux *cidres* divers fournis par la pomme, la poire, le fruit du cormier, jusqu'aux infusions toniques qui réveillent le cerveau engourdi et stimulent le système musculaire : *thé*, *café*, *maté*, *cacao*.

LE POLYPORE AMADOUVIER
Champignon qui produit l'amadou.

L'*olivier* propre aux régions méditerranéennes, le *noyer*, la *cameline*, le *lin*, le *hêtre*, le *pavot somnifère*, le *cocotier*, le *palmier à huile*, l'*arachide*, le *sésame*, le *ricin* élaborent des substances grasses qu'ils nous livrent par expression, sous forme d'huiles ou de beurres, propres, soit aux usages comestibles, soit à satisfaire les exigences de l'industrie, de l'art, de la médecine.

LE TABAC

La *betterave* et la *canne* rivalisent de zèle pour nous alimenter de ce sucre de plus en plus indispensable à l'homme contemporain. Le palmier *sagou*, le *manioc*, l'*arrow root*, nous livrent avec bienveillance l'utile trésor de leurs réserves de fécule.

Nos animaux domestiques, qui nous aident dans nos travaux, nous nourrissent de leur lait, de leur chair, nous vêtent de leur laine, vivent à peu près exclusivement aux dépens du règne végétal. C'est à l'intention de ces précieux auxiliaires que nous peuplons d'immenses étendues d'odorants fourrages : *graminées* de toute taille et de toute espèce, *trèfles, luzernes, sainfoins.*

Une foule d'espèces nous offrent leur *bois,* dont nous tirons, soit tout simplement des bûches qui de leur flamme claire illuminent nos foyers en hiver, soit les éléments non moins utiles de la charpente de nos maisons, de la construction de nos navires, de nos voitures, de nos meubles.

Quelques savants pensent qu'aux époques préhistoriques, un *âge du bois* aurait précédé l'âge de la pierre. Quelle part de vérité peut être contenue dans cette hypothèse, nous l'ignorons : ce que nous savons, c'est que les conditions de la vie moderne font des essences ligneuses une si effroyable consommation qu'à l'heure actuelle il n'existe plus sur la terre, en dehors de la zone intertropicale, que trois réserves forestières d'une ampleur suffisante à atténuer une crise possible des industries du bois : celles de la Suède, de la Finlande et du Canada.

Le *papier,* la *soie artificielle,* la *cellulose,* le *tan,* le *liège,* un grand nombre de *teintures* de diverses nuances, le *caoutchouc,* les *résines,* la *poix,* les *gommes,* l'*ivoire végétal,* l'*amadou,* autant de produits presque nécessaires à notre existence, et dont nous devons le bienfait aux plantes.

N'est-ce pas encore le règne végétal qui nous vêt, avec les fibres du *lin,* du *chanvre,* la *ramie,* le *jute,* les poils souples et moelleux des graines du *coton* ?

Enfin, n'est-ce pas dans ce vaste laboratoire où s'opèrent les multiples combinaisons de la chimie végétale que nous puisons nos *parfums,* depuis l'encens et la myrrhe jusqu'au styrax et à l'essence de rose — nos *remèdes* spécifiques contre les maladies, — et jusqu'à ces poisons, comme l'*alcool,* le *tabac,* l'*opium,* le *haschich,* auxquels notre espèce demande des satisfactions qui ne sont pas sans danger ?

Quant à l'emploi des fleurs pour la décoration de nos jardins ou de nos appartements, nous nous bornerons à la rappeler, sans entrer dans le moindre détail : la matière est trop vaste. Des milliers d'espèces rivalisent à nous offrir leurs qualités esthétiques.

Cette énumération aura paru peut-être un peu fastidieuse, quoique réduite à ses points essentiels : nous n'avons pas cru devoir l'omettre, parce qu'elle est nécessaire à montrer l'étendue et la diversité des services que la plante rend à l'homme.

CHAPITRE XI

VARIABILITÉ DE L'ESPÈCE VÉGÉTALE

De même que l'espèce humaine, qui se divise en races blanche, rouge, jaune et noire, appropriées chacune à un climat et à une région du globe; de même que l'espèce animale, dont les variations s'offrent quotidiennement à votre observation dans tant de types domestiques, chien, chat, poule, lapin, etc.; — ainsi l'espèce végétale n'est pas rigoureusement fixe et inflexible.

Grâce à une heureuse disposition, la plante peut varier entre certaines limites, et modifier dans une mesure ses caractères spécifiques en vue de s'adapter à des circonstances de milieu plus ou moins différentes de celles où elle doit normalement vivre.

Cette variabilité adaptative est pour elle un bienfait; si elle ne l'avait pas reçue, en effet, elle ne pourrait maintenir son espèce, puisque le moindre changement dans ses conditions d'existence la tuerait.

Au contraire, tant que ce changement n'est pas trop grand, trop opposé à ses aptitudes et à ses exigences spéciales, elle s'y conforme, en revêtant une physionomie appropriée.

L'espèce végétale est donc apte à produire des *variétés*, qui deviennent des *races* si les caractères par lesquels elles se différencient du type normal de l'espèce offrent assez d'énergie et assez de constance pour se transmettre héréditairement.

Les diverses variétés issues d'une même espèce révèlent ordinairement leur commune origine par le fait qu'elles demeurent *interfécondes*, c'est-à-dire que le pollen de l'une ou de l'autre est apte à déterminer la maturation des graines de l'une quelconque d'entre elles.

La faculté d'adaptation est plus ou moins étendue suivant les espèces, mais toujours renfermée dans des limites précises : en deçà et au delà de cette mesure, la variabilité cesse d'être possible, et la plante, incapable de s'accommoder à son nouveau milieu, meurt.

Les variétés végétales se produisent de trois manières différentes :

Par *adaptation* à une influence modificatrice extérieure, généralement bien nette et bien évidente;

Par *mutation*, c'est-à-dire par apparition de caractères nouveaux sous l'action de causes internes dépendant de la force vitale, et ordinairement inaccessibles à nos moyens d'observation;

Par *hybridation*, c'est-à-dire par échange de pollen entre deux variétés de la même espèce ou entre deux espèces voisines.

Sous sa double destination, décorative ou utilitaire, l'horticulture tire le plus large bénéfice de l'aptitude des plantes à varier.

C'est en isolant d'abord les variétés naturelles qui présentent à un degré plus ou moins élevé les qualités désirées, et en développant ensuite ces qualités, qu'ont été obtenus les légumes et les fruits succulents qui font les délices de nos tables, les fleurs superbes dont nous décorons nos jardins et nos appartements.

Supposons qu'un horticulteur expérimenté ait trouvé par hasard, sur le penchant escarpé d'une montagne, un pommier sauvage dont les fruits, quoique petits et ligneux, offrent un parfum et une saveur dignes d'en faire souhaiter la conquête.

S'il sème les pépins de ces fruits dans un sol approprié et fertile, les arbres qui en sortiront produiront évidemment des pommes ayant les mêmes qualités sapides et odorantes, et de plus, parmi ces arbres, quelques-uns manifesteront sans doute une tendance à porter des fruits moins ligneux, plus pulpeux, plus succulents que ceux du sauvageon dont ils descendent.

C'est là une première *sélection*, un premier progrès dans l'obtention de la variété désirée.

Les pépins de ces individus de choix étant semés à leur tour, il en sortira selon toute vraisemblance un nouveau lot où leurs bonnes qualités seront encore accentuées.

Et finalement, de génération en génération,

l'horticulteur avisé qui aura entrepris cette expérience tirera de son pommier sauvage, par l'*hérédité* combinée avec la *sélection artificielle*, des rejetons dont les fruits auront conservé le parfum et le goût originels, mais en y ajoutant les conditions de volume, de texture et de succulence nécessaires pour les faire accueillir sur les tables les plus distinguées.

La plupart des races horticoles, potagères ou florales, ont pour point de départ une mutation brusque, accidentellement produite sans cause connue dans un semis ou trouvée fortuitement dans la nature.

Grâce aux soins de l'homme, cette mutation est ensuite conservée et même développée par le procédé de la sélection artificielle, qui, à chaque génération, isole et réserve pour la reproduction exclusivement les individus présentant au plus haut degré les caractères dont on souhaite la perpétuation.

C'est ainsi qu'un habile expérimentateur. le professeur hollandais Hugo de Vries, a obtenu par cinq années de culture la variété à fleurs doubles du chrysanthème des moissons (*chrysanthemum segetum*), humble Composée de nos champs; cette variété est sortie de la descendance d'un seul pied ayant manifesté une tendance à produire des fleurs doubles, au milieu d'un semis de plus de mille cinq cents individus.

Les influences du milieu peuvent donner lieu à des variations très étendues, dans l'espèce végétale comme dans l'espèce animale.

Type perfection. Type cactus. Type à collerette.

VARIATIONS HORTICOLES D'UNE ESPÈCE ORNEMENTALE (LE DAHLIA)

C'est ainsi que les *saules*, arbustes élancés au bord des rivières de la plaine, ne sont plus, sur les hautes cimes des Alpes, que des herbes rampantes; que les feuilles de la *sagittaire* revêtent, hors de l'eau, la forme d'un fer de lance, et, si elles sont submergées dans un courant rapide, celle d'un ruban; que le *cerisier*, arbre à feuilles caduques sous nos climats, est toujours vert à Ceylan; que le *réséda odorant*, arbuste vivace en Égypte, est chez nous une herbe annuelle.

De cette possibilité pour la plante de produire des variétés sous l'influence de causes modificatrices, intimes ou extérieures, faut-il conclure, avec les disciples de Lamarck et de Darwin, que l'espèce végétale puisse indéfiniment se modifier ?

En d'autres termes, les diverses et innombrables espèces de plantes qui peuplent actuellement le globe terrestre sont-elles dérivées, par voie de transformations successives, d'un ou de plusieurs types initiaux, soit, comme le voulait Lamarck, en vertu de tendances intimes, soit, suivant les idées de Darwin, sous l'influence du milieu et de la sélection naturelle?

Il est certain que l'adaptation au milieu et la production de formes nouvelles par mutation ou hybridation sont des phénomènes réels; mais jusqu'à présent aucun fait précis n'autorise à dire que ces divers modes de variabilité aient assez d'énergie, assez d'ampleur, pour métamorphoser une espèce végétale en une autre espèce réellement distincte.

Dans l'état actuel de la science, on peut

affirmer que la théorie transformiste ne puise dans l'histoire du règne végétal aucun fait en sa faveur, tandis qu'on peut en tirer contre elle de nombreuses objections.

Alors, en effet, qu'il est impossible de fournir aucune preuve indiscutable de transmutation réelle d'espèce, nous voyons que pendant une longue suite de siècles, dont la durée serait sans doute suffisante à permettre au

UN DES PÈRES DU TRANSFORMISME
LAMARCK (1744-1829)

moins une légère variation, de nombreuses espèces ont gardé intacts leurs caractères jusqu'au moindre détail.

C'est le cas, par exemple, de très vieux ifs de l'Ancien Continent ou des *Sequoia* gigantesques de la Californie, qui, malgré les siècles dont leur cime est chargée, sont en tout identiques aux jeunes individus de leur espèce qui naissent de nos jours.

Les hypogées de l'Égypte ont livré des échantillons d'une foule d'espèces qui vivent encore aujourd'hui dans les mêmes régions; l'étude comparative de ces échantillons d'une haute antiquité et des individus vivants a démontré que non seulement les types spécifiques, mais même certaines races n'ont aucunement varié depuis la lointaine époque des Pharaons.

Quatrefages relate à ce sujet un fait bien suggestif. Le voyageur Keninken avait rapporté de la Haute-Égypte des pains trouvés dans de très antiques tombeaux.

Le célèbre botaniste Robert Brown, ayant examiné ces pains, trouva dans leur pâte des glumes d'orge bien intactes, à la base desquelles une étude attentive lui fit découvrir un petit organe rudimentaire que les savants n'avaient pas signalé dans les orges vivantes.

N'y avait-il pas là la preuve palpable d'une variation? Brown cueillit des orges dans la campagne, et il reconnut cet appendice rudimentaire assez exigu pour avoir échappé à la loupe d'une foule de botanistes, et qui s'est transmis sans altération pendant une longue suite de siècles.

Milne-Edwards a mis en lumière la conséquence très logique, quoique sans doute assez inattendue pour le transformisme, qui résulterait pour les êtres vivants, et par suite pour les plantes, de la possibilité de varier indéfiniment sous l'action du milieu.

Cette action, étant la même pour les différentes espèces soumises aux mêmes conditions d'existence, devrait évidemment avoir pour résultat, non de les diversifier, mais de les faire converger progressivement vers un type unique.

Et cependant nous voyons que dans un même milieu, exerçant dans le même sens ses influences modificatrices, non seulement des plantes très diverses gardent leurs caractères, mais même des espèces très voisines les unes des autres persistent dans une absolue fixité héréditaire, sans que chacune d'elles tente vers l'autre un rapprochement, sans même parfois pouvoir s'hybrider entre elles.

Pour expliquer par le jeu de l'adaptation aux fonctions, de la sélection naturelle, de la lutte pour la vie et de l'action des milieux, cette infinie variété de formes que nous voyons actuellement réalisée dans la série végétale comme dans la série animale, et si l'on considère la lenteur extrême avec laquelle opèrent sous nos yeux ces causes modificatrices, des myriades de siècles sont indispensables à l'hypothèse transformiste.

Ses partisans d'ailleurs ne font aucune difficulté pour le reconnaître. A une récente séance de l'Académie des sciences de Paris (31 octobre 1910), M. J. Schuster a présenté un travail dans lequel il estime à *quatre cent mille* ans l'âge des débris fossiles sur lesquels a été reconstitué le fameux pithécanthrope, notre bestial et problématique ancêtre. S'il a fallu quatre cent mille ans pour conduire l'humanité du pithécanthrope à l'homme historique, quelle incalculable durée a été nécessaire pour transformer en pithécanthrope la petite masse de protoplasma où l'étincelle de vie a jailli pour la première fois!

Or, c'est là un des points faibles de la

théorie; car un savant moderne très autorisé, lord Kelvin, au nom de la thermodynamique, a refusé à notre globe l'ancienneté immense qui lui serait nécessaire pour que les êtres vivants aient pu se diversifier à sa surface sous les influences à action très lente invoquées par la doctrine transformiste.

L'hypothèse d'une évolution du règne végétal par mutations brusques, hypothèse qui a rallié en ces derniers temps quelques suffrages, semble à première vue lever la difficulté.

Si, en effet, les transformations se sont opérées, non plus avec une extrême lenteur par des adaptations successives, mais par des changements soudains, créant tout à coup de nouvelles espèces armées de toutes pièces, plus n'est besoin de ces myriades de siècles dont ne peut se passer le transformisme selon Lamarck ou selon Darwin.

Cependant l'argument est spécieux; pour le réduire à néant, il suffit de restituer aux mots leur véritable valeur, et de cesser de considérer comme des *espèces* les formes nouvelles issues d'une mutation, formes qui ne sont que des *variétés* ou des *races*.

Les races produites par mutation, soit spontanée, soit expérimentale, ne sortent pas du type végétal qui les a fournies. Si « mutés » qu'on les suppose, les pavots, les énothères, les maïs, qui ont fait l'objet plus particulier des recherches entreprises dans cette voie, demeurent respectivement des pavots, des énothères et des maïs : il n'y a pas orientation vers un type nouveau.

Il est même intéressant de noter que les variations obtenues par mutation sont souvent de valeur inférieure à celles que peuvent produire les influences modificatrices du milieu, et qui cependant sont insuffisantes à constituer des preuves positives et directes du transformisme.

De même que les adversaires de cette doctrine peuvent demander aux partisans de l'évolution lente par adaptation d'établir d'une manière palpable la possibilité pour un animal du type mollusque d'évoluer, par exemple, vers le type insecte, de même ils sont en droit de dire aux partisans du transformisme brusque par mutations : « Changez-nous, si vous voulez nous convaincre, une crucifère en une papavéracée, une liliacée en une graminée..... »

Si l'on suppose cependant que ce mode d'évolution a pu être l'expression de la réalité, on se trouve en présence de cette alternative :

Ou bien il ne s'est réalisé que lentement, les mutations ne s'étant produites dans le passé, comme nous les voyons se produire aujourd'hui, que de temps en temps, très accidentellement, et sans faire à chaque fois un grand pas dans la voie de la transformation. En ce cas, nous retombons dans le cas de la sélection naturelle et de l'adaptation aux milieux, et la thermodynamique est là qui nous guette avec la batterie de ses objections.

Ou bien il n'a exigé qu'un délai assez court; — et dans ce cas, pour que quelques milliers d'années aient suffi à faire éclore par voie de mutations successives l'infinie diversité que nous admirons actuellement parmi les êtres vivants, ces mutations ont dû se faire avec une inconcevable multiplicité, avec une rapidité que l'imagination ne peut embrasser; et pour admettre ce système il faut attribuer aux espèces une instabilité désordonnée, un affolement chaotique, et supposer une production à jet continu de variations.

S'il en était ainsi, l'hérédité ne serait plus qu'un vain mot : il suffirait de semer des graines de rosiers pour en voir sortir, après quelques générations, des jasmins ou des orties.

Nous voyons, au contraire, qu'un ordre assez rigoureux préside à la transmission des caractères spécifiques dans la nature vivante, et que cet ordre est assez strictement respecté pour que, dans les six mille ans de la période historique, ne se soit produite aucune variation suffisamment importante pour fournir seulement un commencement de preuve *positive* en faveur du transformisme.

La science moderne tend à admettre que les caractères acquis sous l'influence de causes extérieures, telles que le changement de milieu, une variation dans les conditions d'existence sont éminemment instables et ne se maintiennent héréditairement qu'autant que persiste l'agent modificateur qui leur a donné naissance.

Quant à la transmission héréditaire des caractères acquis par mutation brusque sans cause connue, elle ne s'observe ordinairement que dans une portion de la descendance : à côté d'individus reproduisant plus ou moins fidèlement la mutation, le semis en donne généralement une certaine proportion qui offrent d'autres caractères, ou qui tout simplement sont retournés au type normal de leur espèce.

De même, les horticulteurs savent que les hybrides, obtenus parfois au prix de tant d'efforts, ou bien ne sont pas féconds, ou bien retournent après quelques générations à l'une ou à l'autre des espèces au croisement desquelles ils sont dus.

Ainsi persiste, malgré des modifications de la forme qui peuvent être très étendues, l'invisible et insaisissable principe qui constitue l'essence de l'espèce, qui fait qu'elle est toujours identique à elle-même jusque dans ses plus profondes altérations, qui limite sa variabilité à une adaptation plus ou moins ample, — sans lui permettre jamais de sortir d'elle-même et d'engendrer une autre espèce.

LINNÉ (1707-1778)
LE PLUS ILLUSTRE DES BOTANISTES

En repoussant au nom de sa science la doctrine transformiste, l'illustre géologue Joachim Barrande, qui était en même temps un grand chrétien, disait que cette science, qui ne lui permettait pas d'admettre la transmutation des êtres vivants les uns dans les autres, ne lui permettait pas davantage de mettre un autre système en place de celui-là.

Il considérait le secret du développement de la vie sur le globe comme inaccessible à l'investigation scientifique, et comme relevant d'un ordre de choses transcendant; ordre de choses qui, « émanant de souche divine et embrassant des combinaisons infinies dans le temps et dans l'espace, peut bien ne pas être saisi par l'intelligence humaine tant qu'elle est enfermée dans son enveloppe terrestre. »

Pourquoi pas, après tout? Dieu, qui a mis l'ignorance au nombre des châtiments du péché originel, et qui, dans sa bonté, laisse l'humanité reconquérir progressivement, au prix du travail, les prérogatives perdues par la faute de nos premiers parents, s'est-il cependant engagé à nous révéler tous les mystères de son œuvre?

Nous savons, et tout nous prouve, qu'il est l'Auteur infiniment puissant, infiniment bon, infiniment intelligent, de l'univers, le Créateur de la vie.

Comment a-t-il façonné l'univers et créé la vie, voilà ce que nous ne savons pas exactement, parce que cela ne nous a pas été révélé d'une manière précise, et que la science est impuissante à formuler sur ces problèmes autre chose que des hypothèses.

Laissons la science forger des hypothèses; laissons-la même, parce que c'est son droit absolu, poursuivre l'examen de ces mystères dont nous ne savons si la découverte lui est, ou non, réservée.

La part de certitude qu'elle nous donne n'est-elle pas déjà plus que suffisante, plus que consolante, puisqu'elle nous conduit, par l'étude du monde physique et de la nature vivante, à l'irréfutable évidence de Dieu?

Devant les merveilleux tableaux de la vie végétale, l'illustre Linné s'écriait, dans un langage presque biblique :

« *Deum sempiternum, immensum, omniscium, omnipotentem, expergefactus transeuntem vidi, et obstupui. Legi aliquot ejus vestigia per creata rerum, in quibus, etiam in minimis, ac ferè nullis, quæ ratio! quanta vis! quam inextricabilis perfectio!*

» Dieu éternel, infini, omniscient et tout-puissant, a manifesté son passage à mon esprit étonné! J'ai recueilli ses traces à travers la création ; dans les êtres sortis de ses mains, même dans les moindres, même dans ceux qui, par leur petitesse, semblent à peine exister, quelle sagesse, quelle force, quelle insondable perfection! »

Nous ne saurions clore ces pages sur une plus noble pensée.

TABLE DES MATIÈRES

DU MÊME AUTEUR

1892. **Les champignons** (1 vol. in-12).
1893. **Les Lichens** (1 vol. in-12).
1894. **Flore de France** (1 vol. in-12).
1896-1900. **Faune de France** (4 vol. in-12).
1897. **Les insectes nuisibles** (1 vol. in-16).
1897. **Scènes de la vie des insectes** (1 vol. in-8°).
1898. **Fleurs et plantes** (1 vol. in-8°).
1899. **Le monde sous-marin** (1 vol. in-8°).
1900. **Sous le microscope** (1 vol. in-8°).
1904. **Flores régionales de la France** (1 vol. in-12).
1904. **Nos pêcheurs de haute mer** (1 vol. in-4°).
1911. **Sous les flots, mémoires d'un crabe** (1 vol. in-8°).
Sous presse. **Zigzags au pays de la science** (1 vol. in-8°).

1391-10. — Imprimerie P. Feron-Vrau, 3 et 5, rue Bayard, Paris, 8°.

www.ingramcontent.com/pod-product-compliance
Ingram Content Group UK Ltd.
Pitfield, Milton Keynes, MK11 3LW, UK
UKHW022117190726
13855UKWH00003B/915